国家出版基金项目
NATIONAL PUBLICATION FOUNDATION

中国儿童
植物百科全书

CHILDREN'S
ENCYCLOPEDIA OF
PLANTS

中国大百科全书出版社

图书在版编目（ＣＩＰ）数据

中国儿童植物百科全书 ／《中国儿童植物百科全书》编
委会编著. -- 北京 ：中国大百科全书出版社，2021.1
　　ISBN 978-7-5202-0894-9

　　Ⅰ．①中… Ⅱ．①中… Ⅲ．①植物－儿童读物 Ⅳ.
①Q94-49

中国版本图书馆CIP数据核字（2021）第003141号

中国儿童
植物百科全书

CHILDREN'S ENCYCLOPEDIA OF PLANTS

中国大百科全书出版社出版发行

（北京阜成门北大街 17 号 电话 88390316 邮政编码 100037）

http://www.ecph.com.cn

北京华联印刷有限公司印制

新华书店经销

开本：635毫米×965毫米　1/8　印张：30

2021年1月第1版　　2022年6月第5次印刷

ISBN 978－7－5202－0894－9

定价：158.00元

悄悄地，新芽破土而出，
　静静地，硕果等待采摘。
厚积薄发，这生机来之不易，
　鬼斧神工，这世界千姿百态。

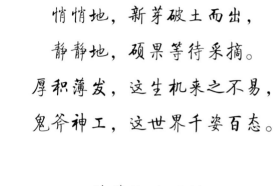

　花草沉默不语，
　人类以之为题作诗抒怀。
那深埋于地下的错杂根系，
　早已是连接古今万物的纽带。

　它们无处不在，
　装点千万里江河山脉。
　它们无声无息，
　看尽亿万年桑田沧海。

万籁生命的交响曲已经奏响，
追寻草木的藏宝图正在展开。
让我们一起走入植物王国，
　探索生命的过去与未来！

探索生命奥秘的旅程由此出发

植物世界
妙趣横生

大家好，我是李梓麒，今年9岁了。我的家里养了两盆绿萝，爸爸把它们放在高高的花架上。据说，绿萝茂盛的叶子不仅能美化房间，还有净化空气的作用。在我家门前的小路上，也种着许多花草树木。一到春天，这里就成了花的海洋：洁白的玉兰、艳丽的牡丹、玲珑的山桃……妈妈告诉我，这些植物不仅是常伴我们左右的挚友，更是自然界无处不在的精灵。从渺无人烟的荒漠到碧波荡漾的大海，从万里冰封的两极到炎热潮湿的雨林，到处都有植物繁衍生息。跟我一起打开这本书，去探索神奇的植物王国吧！

● 知识主题

每个展开页的标题是知识主题，围绕植物的基本知识、植物的价值或某种特定的植物展开说明，帮助我们从宏观上了解植物。

● 图片

每个展开页会有多幅图片。我们会看到来自专业摄影师和科研人员的植物摄影图片，跟随镜头"近距离"观察世界各地的一花一草。书中还有专业绘制的示意图和图表，帮助我们理解深奥的生物学知识。

柑橘的变异

从中国土生土长的柚、柑橘、橙，到舶来的柠檬、葡萄柚……这些或大或小、或长或圆、或酸或甜的水果你肯定不会陌生。在了解了植物分类、演化和基因知识后，是时候重新认识一下这个复杂的家族了。这些常见的水果都是芸香科柑橘属植物，很可能起源于喜马拉雅山脉附近。香橼、柚子和宽皮橘是柑橘家族的"三大元老"，它们在不同的自然环境中产生变异，发生杂交，不断交流基因，形成了丰富多样的新物种。

脐橙是甜橙的栽培品种，果实内多长出了个小果子。

柚

甜橙

柑橘包含种类繁多的栽培品种，芦柑是其中较常见的一种。

葡萄柚又称西柚，果肉带有一丝苦味。

柠檬的果实很酸，具有浓郁的芳香气味。

来檬又称青柠，18世纪时欧洲船员曾用它来治愈坏血病。

神奇的"青蒿"

菊科蒿属植物种类繁多，广泛分布于中国大地，人类在认识它们的过程中，发现了一株改变世界的小草——黄花蒿，中国科学家屠呦呦等团队发现并成功提取黄花蒿中的青蒿素，将其应用于临床，使症疾患者的死亡率显著降低，因此获得诺贝尔生理学或医学奖。

蒿属

菊科蒿属包含黄花蒿、青蒿、艾、茵陈蒿、白莲蒿、牡蒿等 380 多种植物，分布于亚洲、欧洲和北美洲部分地区。多生长在潮湿地带，黄花蒿较高 1～2 米。蒿属植物性味多苦寒，多为具有药用价值的野生路旁。中国有 180 多种，蒿属植物喜欢热闹多了，多为具有清热性的草本植物，叶片多羽状分裂，普通长有羽状的头状花序，蒿属植物大多含挥发油，有机酸及生物碱，具有消炎、止血、抗虫等多功效。

寻找"青蒿"

中国古代多部医书中有关于"青蒿"的记载，已知最早的文献是马王堆汉墓出土的帛书《五十二病方》，随着植物分类学的发展与完善，"青蒿"在正式命名过程中出现了波澜，改称为黄花蒿。古人所说的"草蒿""青蒿""黄花蒿"基本上指的就是黄花蒿。中药材"青蒿"指的也是黄花蒿干燥的地上部分。青蒿成为植物学中的青蒿的别号一种药用价值较高的蒿属植物，其分布和应用范围都很广泛。

黄花蒿

黄花蒿又称青蒿、草蒿等，原产于欧洲和亚洲的寒温带、温带、亚热带地区，多生长在路旁、荒地、山坡、草原等地。黄花蒿株高 1～2 米，花呈黄色。花期 8～11 月，黄花蒿含挥发油、青蒿素、樟脑、青蒿酮等成分，具有清热解毒、祛风止痒的功效，与其他药物搭配可治疗疟疾、咳嗽、瘙痒等病症。

青蒿素的发现

公元 340 年，东晋医药学家葛洪在《肘后备急方》一书中描述"青蒿一握，以水二升渍，绞取汁，尽服之"在研究黄花蒿抗疟疾的过程中，中国科学家屠呦呦受到《肘后备急方》的启发，改用了低温度，由乙醚提取为用沸点更低的乙醚提取，最终成功获得有活性的青蒿。屠呦呦带领团队创制的新型抗疟药青蒿素和双氢青蒿素，对寄生虫的抑制率达 100%，挽救了全球特别是发展中国家数百万人的生命、苦难，这些药剂是世界卫生组织推荐治疗疟疾的首要工具。

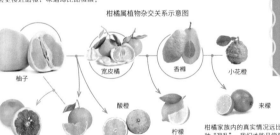

白莲蒿　　　牡蒿　　　茵陈蒿

柑橘属植物的杂交

大多数情况下，两个物种杂交无法正常孕育后代。但柑橘属较为特殊，其中几乎任意两个物种，都能杂交产生后代，这是导致柑橘家族关系混乱的重要原因。柑橘属植物的杂交有一定的规律，例如新物种的果实大小会偏向于果更小的亲本，并且新物种的果实酸度会偏向于更酸的一方。所以，由柚子和甜橙杂交出的葡萄柚，其大小会更接近甜橙、味道却比甜橙酸。

柑橘属植物杂交关系示意图

柚子　宽皮橘　香橼　小花橙
酸橙　来檬
葡萄柚　甜橙　柠檬

柑橘家族内的真实情况远比图中复杂，但多亏了这种"混乱"，我们才能品尝到多种多样的美味水果。

柚

柚是芸香科柑橘属乔木，又称柚子、文旦、抛等，现于亚洲东南部各国均有栽培。柚子在中国的栽培历史很长，早在秦汉以前的古书中已有对柚子的记载。柚子的果实较大，汁水丰富，略带苦味，花期 4～5 月，果期 9～12 月。柚子的果实表皮较厚，能保存相当长时间，因此被誉为"天然水果罐头"。许多柑橘属植物都带有柚子的基因，如芦柑、丑橘等柑橘品种。

柚子果实呈圆球形或梨形，重量约 1 千克。

香橼

香橼是芸香科柑橘属灌木或乔木，又称枸橼、香泡等，多生长在高温潮湿的地方，如中国台湾、福建、广东、云南等地，中国栽培香橼的历史可以追溯到 2000 多年前。香橼花期 4～5 月，果期 10～11 月，果实很大，重可达 2 千克，外果皮非常粗糙，很难剥离，果肉也比较少。虽然不够好吃，但香橼果实的香气十分浓郁，变种佛手更是造型独特，常被古人摆放在室内观赏。

佛手是香橼的变种，果实造型奇特，香气浓郁。

金柑

金柑是芸香科柑橘属乔木，又称金橘、公孙橘、金豆等，在中国南部多见栽培。金柑花期 3～5 月，果期 10～12 月，果实呈椭圆形，果皮味道甜美，果肉味酸，果实内有 2～5 粒种子。在人工栽培情况下，金柑可多次开花，果实恰好在春节期间成熟。因此，在中国广东、台湾、福建等地，金柑盆栽是最受欢迎的新春装饰盆栽之一。

金柑盆栽在 3～8 月可多次开花

金柑

四季橘是金柑与酸橘类植物的杂交后代

● 飞花令

飞花令本是个文字游戏，源自古人的诗词之趣，得名于唐诗名句"春城无处不飞花"。而在本书的这个版块，我们将中国诗词与植物知识相融合，让你在传统诗词中感悟植物之美。

● 趣说草木

自然界的很多植物，都与人类有着千丝万缕的联系，有的植物能左右人类社会的发展，有的植物默默造福人类，还有的成了人类的"生死之交"。在这个版块里，我们将深入了解植物与人类那些不可不知的故事。

● 自然DIY

在这里，我们能与植物近距离接触，利用植物开展有趣的实验或游戏，动手栽培植物。想知道为什么橙子皮可以"戳破"气球吗？想知道如何像特工一样写"密信"给自己的朋友吗？这个版块会为你指点迷津。

● 知识点

每个知识主题下都有 2～6 个知识点，详细介绍某一种或某一类植物，以及与之相关的自然现象和科学原理。在这里，我们能了解植物的分类规则、别称、地理分布、形态特征等关键信息。

目 录

植物亦有序

　　地球是一颗生机勃勃的行星，是生命和谐共生的家园，绚丽多姿的植物在这里自由地生长。经历了数亿年的生命演化后，现存的已知植物有30多万种。为了能更准确、方便地认识它们，植物学家不断探寻着物种之间的关系，为庞大的植物家族编制了"家谱"。人们发现，植物王国层次清晰、井然有序，每一种植物在其中都有自己的位置，彼此之间有着密切的联系。

现存植物有 30 多万种

地球现存生物有 300 多种

在生物世界中，植物的种类不算最多，却是其他生物生存的重要基础。

奇妙的植物

　　造型奇特的蕨类、挺拔坚毅的松柏、鲜艳美丽的花草、营养美味的蔬果……它们都有一个共同的名字——植物。植物是地球上的初级生产者，是其他生物主要的食物来源，并参与氧气的制造。它们在维持物质循环、生态系统相对平衡和生物多样性等方面具有极其重要的作用，为其他生物提供了赖以生存的场所。

植物的科与属

　　为了快速、准确地定位某个物种在植物界的位置，人们常使用科和属这两种分类单元。同一目中的植物会被分成不同的科，一个科内可能只有一个属，也可能包含多个属。常见的科有菊科、兰科、豆科、蔷薇科、禾本科、十字花科等。

菊科是植物界中最庞大的家族之一，包含非洲菊、雏菊等3万多种植物。

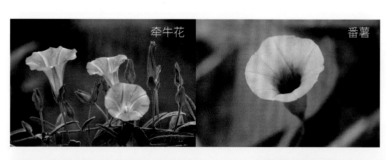

牵牛花　　番薯

牵牛花和番薯同为旋花科植物，都有喇叭状的花朵。

杂交石斛

兰科包含蝴蝶兰、万代兰、石斛等2万多种植物，主要分布在热带地区。

杏

桃、杏、梅、海棠花等都是蔷薇科植物，长有结构相似的花。

芫荽

伞形科可能是你不喜欢的一类植物，大多具有特殊的气味，如芫荽、胡萝卜、旱芹等。

植物分类法

　　长久以来，人们主要通过植物形态特征的不同来辨别物种，并按照界、门、纲、目、科、属、种等分类单元对植物进行分类。按照这种方法，外形越是相似的植物，越容易被分到同一类别中。随着时间的推移，科学家们发现利用基因信息可以更准确地判断物种之间的亲缘关系，有些外形大相径庭的植物可能有较近的亲缘关系。APG 有花植物分类系统主要依据基因信息建立表达植物亲缘关系的系统"发育树"，以此可绘制出更加准确的植物演化图谱。

南瓜是生活中常见的植物，通过下面的示意图，我们能清楚地看到南瓜在植物分类系统中的位置。

植物界　地球上有 30 多万种植物，像南瓜这样被人们种植、食用的只占很小一部分。

被子植物门　大多数像南瓜这样的开花植物都是被子植物，地球上有 20 多万种被子植物。

葫芦目　葫芦目包含葫芦科、四数木科、野麻科、风生花科等 8 科，其中大多数为藤本或草本植物。

葫芦科　葫芦科包含 120 多属，常见的有南瓜属、黄瓜属、葫芦属、西瓜属等。

南瓜属　南瓜属包含西葫芦、笋瓜、南瓜等 15 种植物，其中有许多栽培历史悠久的农作物，多长有较大的果实。

南瓜　南瓜是被子植物门、葫芦目、葫芦科、南瓜属中的一个物种。人们在认识物种的基础上，还栽培出了一些形态各异的农业品种。

分门别类识植物

地球生物的起源要追溯到38亿年前，为了认识形态各异、种类繁多的植物，人类祖先曾走入山林，尝遍百草，对植物进行命名和分类。在这个过程中，人类逐渐了解到植物的各种功效和毒性，细致入微地分辨出植物外形上的差异。在19世纪，植物分类方法逐渐发展成熟，人类由此揭开了地球生命起源与演化的奥秘。

人为分类法

远古时期，人类靠植物获取营养，却也偶尔误食有毒植物。所以初识植物时，人们重点记录了植物的药用功效和毒性，主要依据植物的形态和实用价值进行分类。这种方法称为人为分类法，又称本草学。人为分类法通俗易懂、实用方便，但不能反映植物之间的亲缘关系，分类时还会出现交叉重复等问题。

《本草纲目》

随着认识的植物越来越多，人们更加需要系统地辨识植物，正确使用植物，《本草纲目》便应运而生。《本草纲目》是李时珍编纂的本草学专著，成书于明朝万历六年（1578年），被誉为"古代中国的百科全书"。书中将1195种药用植物分成了草、谷、菜、果、木5部，详细记录它们的名称、药用价值和加工方法。

李时珍是中国明朝医药学家、博物学家

上古时代
中国
传说神农氏为了辨认植物，亲自品尝百草，检验植物的毒性和功效。

不早于公元前5世纪
中国
《尔雅》
这是中国第一部按照词义系统和事物分类来编纂的词典，其中《释木》《释草》两篇记录了植物的名称和特征。

1897年
德国
恩格勒分类系统
由植物学家恩格勒和柏兰特发表，是分类学史上第一个比较完整的自然分类系统。

《诗经》歌草木以抒怀，留下了"参差荇菜，左右流之。窈窕淑女，寤寐求之"等许多名篇佳句。

公元前11世纪至前6世纪
中国
《诗经》
这部中国最早的诗歌总集记录了大量植物，反映了当时人们对植物的认识和应用。

公元前4世纪
古希腊
《植物调查》
哲学家塞奥弗拉斯托详细地描述了植物的组成部分和生长过程，对480种植物进行了分类。

有序的植物界

林奈

卡尔·冯·林奈是瑞典博物学家、植物学家，他对分类学的最大贡献是制订了生物命名的统一规范——双名法，植物命名的混乱局面因此得到改善。1735年，林奈发表《自然系统》，根据雄蕊的数量将植物分成24纲。随后他在1753年的《植物种志》中，又将约7700种植物归入1105属。

双名法的命名规则	
属名	*Solanum*
种加词	*tuberosum*
命名人	L.（林奈）

林奈

同样是这种植物，在中国就有马铃薯、地蛋、山药豆、山药蛋、荷兰薯、土豆、洋芋、地豆等名称。按照双名法确定的学名 *Solanum tuberosum* L.，全球通用。

达尔文

达尔文

查尔斯·罗伯特·达尔文是英国博物学家。他曾参加环绕世界的科学考察航行，积累了大量资料。经过20多年的潜心研究，达尔文发表了《物种起源》，提出震撼世人的演化论。演化论的核心思想是物竞天择，适者生存。当时的人们对于宗教神话中的"神创造世界"深信不疑，演化论却主张地球上所有现存生命有共同的祖先，第一次摆脱宗教的束缚，把对生命的认识置于科学的基础上，对植物学和很多相关学科产生了深远的影响。

彗星兰外形奇特，花距长达30厘米，只有底部有花蜜。

1954年
苏联
塔赫他间分类系统
这是植物学家塔赫他间在其《被子植物起源》一书中公布的分类系统，增设了"超目"分类单元。在1980年修订版中，这个分类系统共有28超目92目416科。

1998年
全球多国
APG有花植物分类系统
1998年被子植物种系发生学组（Angiosperm Phylogeny Group，简称APG）结合分子系统学证据，发表有花植物分类新系统。这个系统于2016年发表第4版，将有花植物划分为64目416科，在全球范围内广泛应用。

达尔文认为必定有一种口器长达30厘米的昆虫为彗星兰传粉。41年后，人们终于找到了这种昆虫——长喙天蛾。

1926年
英国
哈钦松分类系统
植物学家哈钦松首次发表的分类方法，试图阐明被子植物之间的演化关系。

1958年
美国
克朗奎斯特分类系统
随着植物学各分支学科的发展，植物学家克朗奎斯特提出了更符合自然规律的分类系统，在1981年修订版中，这个系统将被子植物分为2纲83目383科。

自然分类法

1859年，达尔文发表了《物种起源》，指出同一种群中的个体存在差异，那些能够适应环境的个体能够存活并繁衍后代，不能适应环境的就会被淘汰。人们认识到，现存植物都是由少数共同祖先，经过长时间的自然选择过程后演化而成的。因此，分类时要考虑植物之间的亲缘关系，自然分类法由此诞生。

植物的演化

　　地球上数量繁多、千姿百态的生物不是一开始就有的，也不是一直不变的。多种多样的生物遵循着由简单到复杂、由水生到陆生的方向演化而来。原始海洋中的原始生命体是地球生物的起源。后来，由于地壳的剧烈运动，不少水域变成陆地，某些近似绿藻的植物祖先演化为苔藓和蕨类植物。随着陆地气候逐渐干燥，裸子植物出现，意味着植物已经可以摆脱繁殖时对水的依赖，并产生种子。再经过一段时间，某些植物演化出了更为完善的生长和繁殖体系，更能适应不同的外界条件，它们就是今天植物界的"主角"：被子植物。

几百万年前的树木被埋在地下后，树木有机质被地下水中的二氧化硅取代，但树木的纹理仍保留下来，形成了硅化木化石。

植物化石

　　化石是证明地球生物演化的重要证据之一，是存留在岩石中的古生物遗体、遗物或遗迹。经过长期的地质变化，化石中仍能基本保留生物原来的形态特点。植物的各个部位都可以形成化石，其中比较坚硬且不易腐烂的部分，如根、茎、叶、种子、花粉、孢子等最容易形成化石。某些植物的树脂滴落下来，被掩埋在地下千万年，在压力和热力的作用下形成了特殊的化石——琥珀。

植物演化图

　　根据植物外形特征和基因信息，科学家为庞大的植物王国绘制出一幅树状的演化图谱。在这幅图中，从树干基部到树梢的顺序表明了演化历程中不同植物亲缘关系的远近。越靠近树干基部的植物，出现的时间离现在越远。演化树的每个分枝上又有许多小的分枝，这些小分枝依次表明了各个植物类群的演化顺序。找到植物在图中的位置，可以帮助我们更好地理解不同物种之间的关系。

中华古果化石来自距今约 1.45 亿年的中生代，是迄今为止发现的最古老的被子植物之一，被誉为"世界上最早的花"。

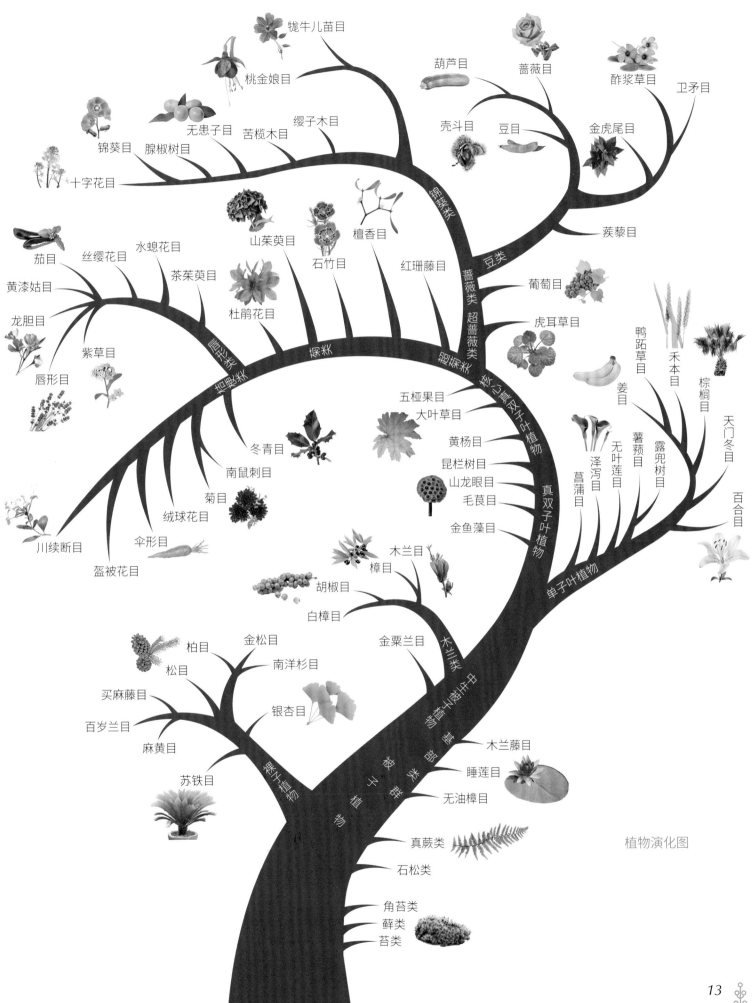

牻牛儿苗目

蔷薇目

葫芦目

酢浆草目

卫矛目

桃金娘目

壳斗目

豆目

金虎尾目

缨子木目

苦榄木目

无患子目

腺椒树目

锦葵目

蒺藜目

十字花目

锦葵类

水螅花目

山茱萸目

檀香目

丝缨花目

茶茱萸目

石竹目

红珊藤目

茄目

蔷薇类 超蔷薇类

黄漆姑目

杜鹃花目

豆类

葡萄目

龙胆目

菊类

超菊类

虎耳草目

紫草目

鸭跖草目

禾本目

唇形目

核心真双子叶植物

五桠果目

姜目

棕榈目

冬青目

大叶草目

薯蓣目

天门冬目

南鼠刺目

黄杨目

无叶莲目

露兜树目

菊目

昆栏树目

泽泻目

绒球花目

山龙眼目

真双子叶植物

菖蒲目

百合目

川续断目

毛茛目

伞形目

金鱼藻目

盔被花目

木兰目

单子叶植物

樟目

胡椒目

金松目

柏目

白樟目

金粟兰目

木兰类

松目

南洋杉目

买麻藤目

木兰藤目

银杏目

睡莲目

百岁兰目

麻黄目

无油樟目

苏铁目

裸子植物

真蕨类

石松类

角苔类

藓类

苔类

植物演化图

蓝藻

距今35亿～33亿年，地球上出现了一种重要的原核生物——蓝藻。蓝藻又称蓝细菌，是一类单细胞生物，不属于植物界。根据目前的科学发现，蓝藻是地球上最早出现的光合放氧生物。在后来漫长的生物演化中，乃至现在，蓝藻始终是制造氧气的主力军，为地球上的植物和其他生物提供了赖以生存的有氧环境。已知的蓝藻有2000多种，分布非常广泛，在非常严酷的环境中也可以找到它们的身影，有些种类甚至可以生活在 60℃～85℃ 的热泉里。

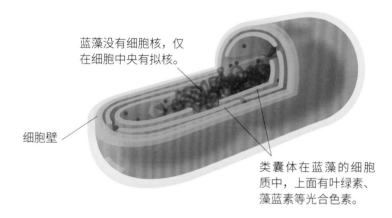

蓝藻没有细胞核，仅在细胞中央有拟核。

细胞壁

类囊体在蓝藻的细胞质中，上面有叶绿素、藻蓝素等光合色素。

蓝藻细胞结构示意图

水华

水华是指淡水水体中藻类、细菌或浮游生物大量繁殖的自然生态现象。造成水华的主要原因，是人们将含有大量氮、磷、钾的污水排入江河湖泊，导致水体富营养化。蓝藻在这样的环境中很容易大量繁殖，在水面上形成一层绿色的黏质物，散发出严重恶臭，造成水污染。水华面积逐年扩散，持续时间也逐年延长，日益严重的水华问题对人类的威胁在不断增大。微囊藻是淡水中常见的蓝藻，能产生天然毒素。人饮用含微囊藻的水后，会出现脂肪肝、胆囊萎缩等症状。产生在海洋水体中的水华现象称为赤潮。

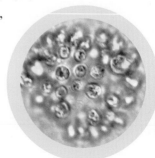

光学显微镜下的微囊藻

每到夏季，波罗的海部分海域常会产生赤潮现象。这是因为深海洋流将营养物质带到阳光普照的表层水域，导致蓝藻等微生物的数量大幅度增加。

丝状体的顶部细胞
逐渐尖窄成为毛体

由单列细胞相接而成的
丝状体念珠藻

藻体基部是营养细胞分化形
成的异形胞，含有固氮酶。

与红萍共生
的鱼腥藻

红萍又称满江红，是一种蕨类植物。

蓝藻生物固氮

氮是植物生长必需的养分之一，自然界中绝大部分的氮是以氮气的形式存在的。已知有 160 多种蓝藻能将氮气转化为含氮的化合物，固定大气中的氮元素，这一过程称为蓝藻生物固氮。固氮蓝藻能提高生长区域内的土壤肥力，促进附近植物的茁壮成长。中国农民有在稻田里种植红萍当绿肥的习惯，就是因为与红萍共生的鱼腥藻能够固氮。中国筛选出的固氮蓝藻曾在湖北晚稻田中放养试验成功，使水稻的产量提高了 10% ~ 15%。

蓝藻的新用途

蓝藻是一种古老的生物，能制造氧气，充当动物和植物的营养来源，未来还会有更多重要的用途。科学家已经测出 300 多种蓝藻的基因组，为人类改造蓝藻提供了条件。通过基因工程改造的蓝藻可以将二氧化碳转变为生物柴油，还可以用于制取乙烯、乙醇、甘油葡萄糖苷和蔗糖等化学及食品工业原料。可以想象在不久的将来，在海边、荒漠等地方会出现大片的蓝藻养殖场，大量地培养蓝藻，为解决能源、环境和气候问题提供新途径。

发菜

发菜曾是一种极受欢迎的可食用蓝藻，又称发状念珠藻。它是一种生长缓慢的陆生藻类，主要分布于中国内蒙古、宁夏、甘肃等地的干旱地区，能够改良荒漠土壤。因为名称音似"发财"，发菜成为一种很受追捧的食材。多年遭受过量采挖后，野生发菜资源被严重破坏，并导致大片草场退化和土地荒漠化。现在，中国已严禁采集、收购、加工、销售和出口发菜。

发菜的藻体极细，常绕结成团，颜色乌黑，就像人的头发一样。

地耳是一种蓝藻，是发菜的伴生物，与发菜并称为"姐妹菜"。地耳在幼年时呈实心球状，又称葛仙米。

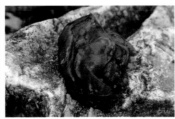

长大后，地耳会拓展为皱褶片状。

藻类

藻类是地球上最古老的生命之一，大多数藻类能够进行光合作用，可以独立生活，与植物同属于真核生物。现代分类中，绝大多数藻类被划分到原生生物界，不再被视为植物界的成员。藻类的体形大小不一，单细胞藻类仅长1微米，巨藻则长达几十米甚至上百米。大多数藻类生活在水中，不能运动。有些单细胞藻类长着鞭毛，有的还长着能够感觉光线的眼点，可以朝着光线的方向游动。藻类利用光能将二氧化碳和水转化为有机物，并释放氧气，是生态系统得以保持平衡的重要因素之一。

气囊使巨藻顶部的叶片能漂浮在海面上

营养叶的叶柄基部有直径2～3厘米的纺锤形气囊，它们使巨藻能在水中保持直立。

巨藻营养叶长 3～5 米，宽 10～25 厘米，表面常有凹凸不平的皱褶。

巨藻

巨藻是已知体形最大的藻类，平均长 70～80 米，最长可达 300 米，重达 200 千克以上。巨藻还是世界上生长速度最快的生物之一，在适宜的条件下，它用 1 天就可生长 30～60 厘米，1 年可以长至 50 多米长，寿命可长达 12 年。巨藻主要分布于加拿大、美国、墨西哥、澳大利亚、秘鲁等国家。巨藻生长茂盛的地方，巨大的叶片层层叠叠地可铺满几百平方千米的海面，使海面呈现出一片褐色，因此又称"大浮藻"。成片的巨藻就像水下的森林，是海洋生物的重要栖息地。

固着器像植物的根一样，使巨藻能固定在海底礁石上。

巨藻没有真正的根、茎、叶分化，其结构包括固着器、叶柄和叶片。

微型藻类

直径小于 1 毫米的单细胞藻类通常被称为微型藻类。它们大多有着独特的生存本领，繁殖能力非常强。小球藻的生命周期只有十几天，但它是地球上最早出现的光合生物之一，分布范围极广。硅藻的外壳由二氧化硅组成，像玻璃一样坚硬，能有效地保护硅藻细胞。利用微型藻类分布广、繁殖快、光合作用效率高的特点，科学家们试图养殖微型藻类，让它们充分吸收空气中的二氧化碳，生产出清洁的生物柴油。

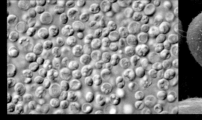

小球藻的细胞直径仅有 3～5 微米，比人的红细胞还小。

衣藻前端有两条等长的鞭毛，能游动。

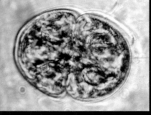

鼓藻细胞能从中间一分为二，变成两个新的细胞。

和海藻十分相像的马尾藻鱼

马尾藻

马尾藻广泛分布于暖水和温水海域，在西太平洋和澳大利亚地区尤为常见。马尾藻能生长在低潮带石沼中或潮下带 2～3 米水深处的岩石上，也能在开阔的水域中漂浮生活。在美国东部海区，有一片区域漂浮着大量以马尾藻为主的浮游生物，因此得名"马尾藻海"。这些马尾藻能直接从海水中摄取养分，并通过分裂成片的方式蔓延生长。船只经过时，很容易被成片的马尾藻缠住，被迫困于海上。

海面上漂浮的马尾藻对过往船只来说是极大的威胁

海带的假根上有吸盘，能牢牢地固定在岩石上。

虫黄藻

虫黄藻是一种能与其他生物和谐共生的独特藻类，珊瑚虫、水母、砗磲等生物都与虫黄藻有共生关系。造礁珊瑚中含有的虫黄藻最为丰富，虫黄藻可以通过光合作用固化二氧化碳，并给珊瑚虫提供氧气和碳、氮等营养元素，虫黄藻所含的色素还能保护珊瑚虫免受紫外线的伤害。珊瑚虫可以从捕食消化的浮游生物中获得维生素和矿物质，供给虫黄藻使用。

当生存条件不佳时，珊瑚虫会释放出与之共生的藻类。时间长了，珊瑚虫逐渐死亡，只留下白色的碳酸钙骨架。

石莼附石而生

蛹虫草菌寄生于鳞翅目昆虫的蛹，长出昆虫体外的橙色部分是真菌子实体。类似的寄生真菌还有冬虫夏草、蝉拟青霉菌等。

菌物

菌物是生物演化过程中形成的一个类群，属于真核生物，其中包含黏菌、卵菌等原生生物，以及种类繁多的真菌。与绝大多数植物不同，菌物不能进行光合作用，主要靠吸收周围的物质来获取营养，它们能从动物排泄物、植物死体中吸收和分解有机物。有些菌物会导致人类和其他生物遭受病害，而大多数菌物是各种生物存活的重要基础。菌物的腐生营养将有机物分解成小分子，可被植物利用，重新进入食物链，保证了生物物质循环的稳定性。

冬虫夏草

除了腐生以外，还有一些菌物寄生于其他生物体内存活，冬虫夏草菌就是这样的一种寄生真菌。它寄生于高山草甸土中越冬的蝙蝠蛾幼虫体内，当菌丝体长满虫体时，幼虫便会死亡，虫体僵化。到了夏季，僵虫头端会长出棒状的子座，这是冬虫夏草菌的子实体。子座与幼虫尸体构成的复合体就是冬虫夏草。冬虫夏草被人们误认为珍贵的保健品，因此遭到过度采集。同时，由于草场过度放牧，导致冬虫夏草的生存环境被破坏，使野生的冬虫夏草趋于濒危。

冬虫夏草

团网菌是一种黏菌，生活于湿木腐叶上，用伪足摄取食物。	白锈菌是一种会危害作物的卵菌，常见的卵菌还有寄生于植物叶片上的霜霉。
黏菌	卵菌

青霉菌

青霉菌是一种常见的多细胞真菌，它用于繁殖的分生孢子呈蓝绿色，成熟后会随风飞散，遇到适宜环境便能萌发出新的菌丝。青霉菌通常生于放置过久的蔬菜、粮食或肉类中，会引起食物腐败变质。1928 年，英国微生物学家弗莱明在研究金黄色葡萄球菌时，偶然间在被污染的培养皿中第一次发现了青霉菌，并确定它有杀灭细菌细胞的作用。后来，人们用某些种类的青霉菌制作药剂，当体内一些地方感染细菌而发炎时，注射青霉素药剂能有效地治疗病症。

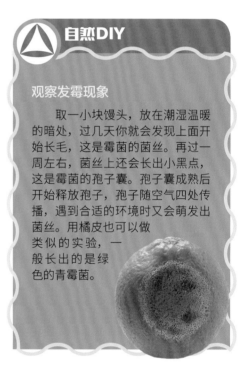

青霉菌

酵母菌

酵母菌是一种单细胞真菌，分布于整个自然界。大多数生物都不能离开氧气，但酵母菌即使在无氧环境中也能存活。缺少氧气时，它能将糖类转化成为二氧化碳和乙醇来获取能量。人类利用这一特性，在几千年前就开始用酵母菌来发酵面团、酿制酒饮。现在，酵母菌更是被广泛地应用到药品、茶叶、饲料等产品的加工中，科学家也常利用酵母菌进行生物遗传学研究。

黑粉菌感染玉米后，果穗上会长出灰黑色的瘤状物，这是墨西哥人喜爱的食材，又称玉米松露。

黑粉菌

黑粉菌是一种寄生真菌，一般寄生在禾本科、莎草科植物的花、叶、茎、根等部位。黑粉菌会侵害小麦、大麦、玉米和高粱等农作物，导致作物不能结出正常的果实，而是形成黑色的冬孢子团。成熟的冬孢子随风散播或掉入土壤中，又会感染其他作物。但黑粉菌并非"十恶不赦"，禾本科植物菰的茎部感染黑粉菌后，会不断膨大，形成纺锤形的肉质茎，即蔬菜茭白。

酵母菌生成的二氧化碳在面团中形成气孔

茭白

麦角菌寄生在黑麦内，可将黑麦子房变为黑色的菌核。

地星的子实体像一颗圆球，发育成熟后会喷出大量的孢子。

红佛手菌又称"恶魔之手"，气味难闻，生于林中腐殖质丰富的地方。

黑木耳生于榆树、杨树、榕树、冷杉及朽木上，其菌丝可从树干中吸收养料。

羊肚菌的子实体很像羊的胃部，是珍贵的可食用真菌。

真菌

蘑菇

形态各异、种类繁多的蘑菇是我们在日常生活中最为熟悉的菌物，它们大多属于真菌中的担子菌，多生长在温带地区的山区森林中。一些蘑菇可以分解有机物，改善周边土壤。有些种类还与植物共生，可使植物更茁壮地成长，为自然增添无限生机。像小伞一样的部分是蘑菇成熟的子实体，由菌丝体形成，能够产生孢子。菌盖是蘑菇子实体最明显的部分，颜色多变，形状也多种多样，常见的有钟形、斗笠形、平展形、漏斗形等。

鸡枞菌是中国云南地区著名的可食用真菌

发光的蘑菇

当夜幕降临热带森林，有些蘑菇便发出微弱的光芒，吸引喜欢在夜间活动的昆虫，帮助蘑菇传播孢子。在湿度近于饱和而少风的雨林里，发光蘑菇不得不用这种方法来繁衍后代。目前，人类发现能够发光的蘑菇不足 100 种。

会发光的小菇属真菌

有毒的蘑菇

蘑菇味道鲜美，受人欢迎，但很多种类的蘑菇含有毒素，不适合人类食用。分布于中国的有毒蘑菇约有 100 种，其中有 10 多种能引起食用者严重中毒。著名的毒蘑菇有赭红拟口蘑、毒蝇鹅膏菌、铅绿褶菇、网孢牛肝菌等。蘑菇的毒性各不相同，有的会伤及人体肠胃，有的会导致呼吸衰竭，还有的会影响神经系统，使人产生幻觉。蘑菇种类繁多，一般人很难准确分辨出蘑菇是否有毒，所以没有经验的人千万不要采食野蘑菇。

菌盖

菌环

菌柄

毒蝇鹅膏菌是著名的有毒蘑菇，会使人产生幻觉，精神错乱。鲜红的菌盖、白色的颗粒状鳞片、松软的菌环是它显著的外形特征。

菌褶

纯黄白鬼伞为有毒蘑菇，常生长在潮湿的土壤中，会抑制周边植物根系的正常生长。

蘑菇圈

在西方传说中，蘑菇仙女在草地上围成一圈跳舞，沿着仙女们舞蹈的足迹便长出了蘑菇。实际上，蘑菇圈是蘑菇子实体在草原、林地上呈圈带状生长的自然现象，其形成是真菌菌丝在土壤中辐射状生长导致的。最初的一个蘑菇成熟后，孢子从辐射状的菌褶上弹射到地面，呈圆形分布。孢子萌发形成菌丝，向四周延伸生长。随着时间的推移，中心区域的菌丝因营养减少逐渐衰老死亡，外延的菌丝因可接触更多的有机质而继续生长。环境条件适宜时，菌丝形成可见的子实体，便形成了圆形的蘑菇圈。

蘑菇圈的英文为"fairy ring"，即仙女环。

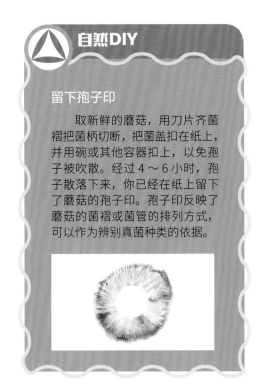

自然DIY

留下孢子印

取新鲜的蘑菇，用刀片齐菌褶把菌柄切断，把菌盖扣在纸上，并用碗或其他容器扣上，以免孢子被吹散。经过 4～6 小时，孢子散落下来，你已经在纸上留下了蘑菇的孢子印。孢子印反映了蘑菇的菌褶或菌管的排列方式，可以作为辨别真菌种类的依据。

竹荪

竹荪是一种可食用真菌，多生长在竹林里，寄生在枯竹根部，分解死亡的竹根、竹竿和竹叶等获得营养。竹荪是"朝生暮死"的生物，早晨生长，下午 4～5 点时孢子成熟，菌盖便开始自溶，滴向地面，整个子实体萎缩倒下。

在竹荪的菌柄顶端，有一围网状菌裙从钟形菌盖向下铺开，长 8 厘米以上。

马勃

马勃是一种真菌，又称马粪包。它的子实体近球形或梨形，直径从几毫米到 1 米以上不等，最大的直径达 1.5 米。多数种类的马勃，子实体幼时鲜美可食，老熟后变成灰褐色，一旦被轻轻触碰，便会喷出大量的孢子。

马勃依靠喷射孢子进行繁殖

橙盖小菇

长有菌托和菌环的蘑菇很可能有毒，可食用的橙盖鹅膏菌是个例外。

牛肝菌的菌盖下面是海绵体一般的菌孔。有些种类的牛肝菌受伤后会变为青蓝色，因此又称"见手青"。

双孢蘑菇又称白蘑菇，是最常见的可食用真菌之一。

松茸是一种珍贵的可食用真菌，多分布于中国四川、西藏、云南等地。

根据地衣体形态的不同，可将地衣分为壳状地衣、枝状地衣和叶状地衣。叶状地衣的地衣体呈扁平叶片状。

地衣

在人烟罕至的森林和沙漠中，存在着一种很容易被人忽视的生命——地衣。地衣是由真菌和藻类共生而成的有机体，菌类吸收水分和养分，藻类则通过光合作用制造营养成分。地衣不属于植物，但它是自然界中的"先锋生物"，能促进地球土壤的形成，创造适合植物生存的环境。地衣的生命力非常顽强，能够在岩石、沙漠、极地等极端环境中生存，可通过休眠忍受长期的干旱或严寒。但如此顽强的地衣却"惧怕"污染，我们可以通过观察地衣来监测大气污染情况。

地衣的结构

地衣结构简单，没有根、茎、叶的分化，内部结构一般分为上皮层、藻胞层、髓层和下皮层。上皮层和下皮层均由致密交织的菌丝构成。藻类细胞聚集在上皮层之下，形成藻胞层。藻胞层和下皮层之间由一些疏松的菌丝构成髓层。构成上皮层的菌丝细胞中常含有大量橙色、黄色或其他颜色的色素，因此不同种类的地衣会呈现出缤纷多变的颜色。

壳状地衣的地衣体为有色的硬壳状物

枝状地衣的地衣体呈树枝状或柱状

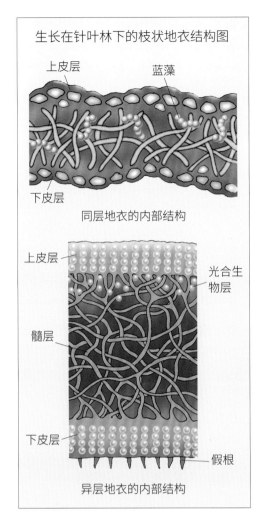

生长在针叶林下的枝状地衣结构图

上皮层　　　　蓝藻

下皮层

同层地衣的内部结构

上皮层

光合生物层

髓层

下皮层

假根

异层地衣的内部结构

石耳

石耳又称石木耳、岩菇、脐衣、石壁花等，生长在悬崖峭壁阴湿石缝中。石耳与木耳、地耳形态相似，地衣体呈单片形，形似人的耳朵。石耳的上表面为褐色，较光滑，下表面则接近黑色，长有一些细颗粒状的突起和粗短的假根。石耳可入药，具有抗凝血、降血脂等作用。人们常以段木栽培、代料栽培等方法栽培石耳。

石耳

石蕊试剂

地衣是生物学家研究的对象，也是医学家和化学家的"朋友"，石蕊试剂就是一个典型的例子。英国化学家波义耳最先发现石蕊对酸碱环境十分敏感，由此发明了石蕊试剂。石蕊属中的许多物种，如鳞片石蕊、杯腋石蕊、喇叭石蕊等，都可用来提取石蕊试剂。在许多化学实验中，科学家们都需要用石蕊试剂来判断实验物质的酸碱性。

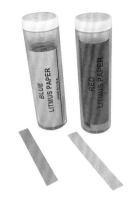

石蕊试剂制成的试纸分为两种，碱性溶液会使红色试纸变蓝，酸性溶液会使蓝色试纸变红。

鹿石蕊

在寒带地区，鹿石蕊像地毯一样铺满林地，在漫长的冬季，这些地衣就是驯鹿们的主要食物。但鹿石蕊生长很缓慢，每年长高3～5毫米。当它被过度啃食、焚烧和践踏时，通常需要几十年才能恢复原状。鹿石蕊分枝极多，可形成高达10厘米的矮丛，多生长在排水良好的开阔环境中，极为耐寒。全球最有代表性的鹿石蕊生态区是加拿大的北方针叶林带。

鹿石蕊的地衣体呈灰色灌木状

驯鹿掘取地衣为食

肺衣对空气污染很敏感，多生长在潮湿的森林环境中。

黄绿地图衣生长在空气质量较好的山区岩石上，每个黄绿地图衣的"边界线"由直径约1.5毫米的不规则形黑色子囊形成。

石黄衣上皮层的颜色会随环境的改变而发生变化，阳光充足时呈深黄色，阴天时颜色会变淡。

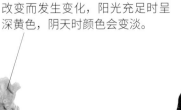

23

苔藓

当地球上的陆地面积越来越大，生物们也开始登陆地面，演化出适应新环境的特征。苔类植物和藓类植物就是从水生过渡到陆生的代表性植物。它们既有适应陆地生活的特点：有器官分化，有多细胞繁殖器官，尤其是出现了胚；又依然保持着无维管系统、无真正的根等水生生物的特点。目前已知的苔藓植物有18000种左右，可大致分为苔纲、藓纲和角苔纲。苔藓植物生命力顽强，分布范围极广，从热带、温带到寒冷的两极地区，我们都能看到苔藓的身影。

苔藓与生态系统的演化

苔藓植物在湖泊、沼泽的陆地化和陆地的沼泽化的演替过程中，都扮演着重要的角色。一方面，泥炭藓、湿原藓等藓类能在沼泽中大量生长，在适宜的条件下，株体上端逐年产生新枝，株体下端逐渐腐朽、死亡，慢慢使湖泊和沼泽陆地化，为草本植物、灌木、乔木创造生长条件，最终使湖泊和沼泽演替为森林。另一方面，如果空气中湿度过大，藓类吸收空气中的水蒸气，使水长期蓄积于藓丛之中，会导致高位沼泽的形成。

苔藓的生长环境

苔藓植物对自然条件较为敏感，在不同的生态条件下，常出现特定种类的苔藓植物。因此，很多苔藓可作为特定生态系统的指示植物，例如泥炭藓多生长在落叶松和冷杉林中，金发藓多生长在红松和云杉林中，塔藓则多生长在冷杉和落叶松的半沼泽林中。苔藓植物的叶只有一层细胞，二氧化硫等有毒气体可从两面侵入叶细胞，使苔藓植物无法生存，所以它们的形态可以反映空气污染的程度。

泥炭藓植株死后会形成泥炭，人们可将其加工成肥料或燃料。

苔藓的植物体多矮小，直立或匍匐生长。

地钱

苔类植物的结构很简单，植物体呈片状，匍匐生长。地钱是分布最广的苔类植物之一，多生长在阴湿的土坡和岩石上，在中国西南地区尤为常见。地钱的植物体背面有烟囱形气孔和六角形气室，腹面有紫色鳞片和假根。地钱雌雄异株，雄株上圆盘状的结构能产生雄性生殖细胞，雌株上小手掌一样的结构则产生卵细胞，受精后能发育成孢子体。孢子体成熟后，会将孢子散落到空气中，遇到合适的环境后便能萌发出新的植株。

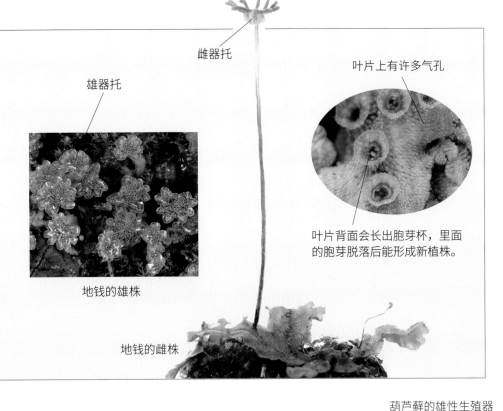

雌器托

雄器托

地钱的雄株

地钱的雌株

叶片上有许多气孔

叶片背面会长出胞芽杯，里面的胞芽脱落后能形成新植株。

葫芦藓

缩叶藓多见于花岗岩石上

大叶藓

与苔类不同，藓类有了初步分化的茎叶体。葫芦藓是一种常见的藓类植物，多生长在平原、田圃等有机质丰富的湿土中。葫芦藓的茎长 1～3 厘米，基部有假根，长舌形的叶密集簇生于茎顶。葫芦藓雌雄同株，生殖器官长于不同枝端，卵细胞受精后会形成具有长柄的孢子体。发育成熟后，葫芦藓会释放出大量又小又轻的孢子。孢子能随风飘扬到很远的地方，开始繁衍与拓荒。

葫芦藓的雄性生殖器

葫芦藓的雌性生殖器

胚

精子

葫芦藓的生命历程

雄枝

雌枝

葫芦藓的孢子体

 自然DIY

自制苔藓生态瓶

请你准备一个大口径的透明玻璃瓶，在瓶底薄薄地铺一层粗砂，加一些干草，再铺一层土壤。在雨后潮湿的地面，连带表层土挖取一些苔藓，铺在瓶内的土壤上，注意压紧苔藓，使它们与瓶内土壤完全贴合。如果瓶子较大，还可以种几株小型花草，加上一些小装饰物。注意不要将生态瓶放在烈日直射的地方。每天打开瓶盖大约 10 分钟以换气，用喷壶均匀喷湿叶面，温度最好控制在 5℃～28℃。

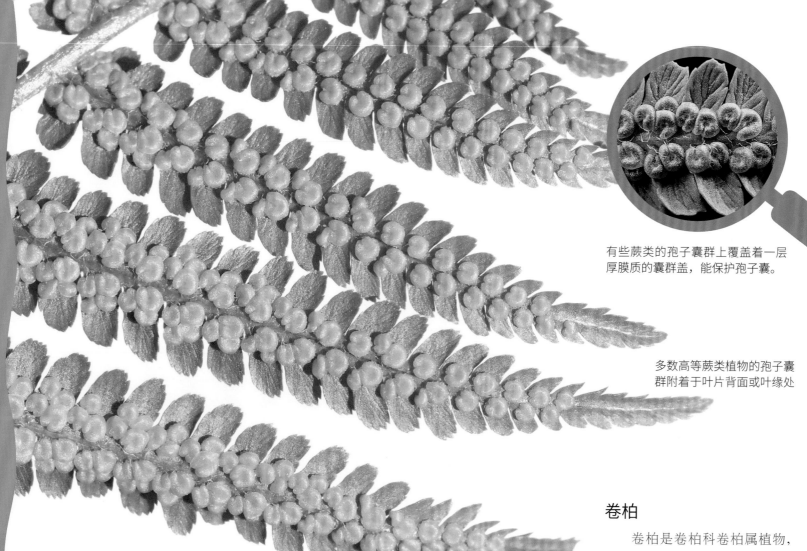

有些蕨类的孢子囊群上覆盖着一层厚膜质的囊群盖，能保护孢子囊。

多数高等蕨类植物的孢子囊群附着于叶片背面或叶缘处

卷柏

　　卷柏是卷柏科卷柏属植物，又称九死还魂草，耐旱能力极强。长期干旱而蜷缩起来的卷柏看起来如同枯草，但只要一遇到水，卷柏就可快速恢复生机。

卷柏广泛分布于中国各地，多生长在岩石缝中，植株呈垫状。

蕨类植物

　　蕨类是地球上最早出现的陆生维管植物，在生物演化中发挥着承前启后的作用。它们虽然和地衣、苔藓一样，以孢子繁殖后代，但却有了较明显的根、茎、叶的分化，并出现了专门用于输送水分和营养物质的维管组织。在中生代，地球曾是蕨类植物的世界。古代蕨类像高大的树木一样，我们现在所使用的煤炭主要是古代蕨类形成的化石。现代蕨类多为草本植物，广泛分布在全球各地，尤其喜欢阴湿温暖的森林环境。现存蕨类植物有12000多种，中国约有2400种，主要分为裸蕨纲、石松纲、水韭纲、木贼纲和真蕨纲等。

蕨类的幼叶形似握紧的拳头，因此又称拳卷叶，欧洲人称之为"提琴头"。

延羽卵果蕨

蕨类的形态特征

　　蕨类植株主要分为孢子体和配子体，两部分各自独立生活。配子体又称原叶体，能产生雌雄生殖细胞，受精后形成胚。胚能发育成孢子体，也就是我们看到的植株。孢子体的不定根生于根状茎或叶轴上。蕨类的叶分为用于繁殖的孢子叶和进行光合作用的营养叶，在孢子叶上可以看到一些虫卵般的孢子囊群，孢子便从中形成。

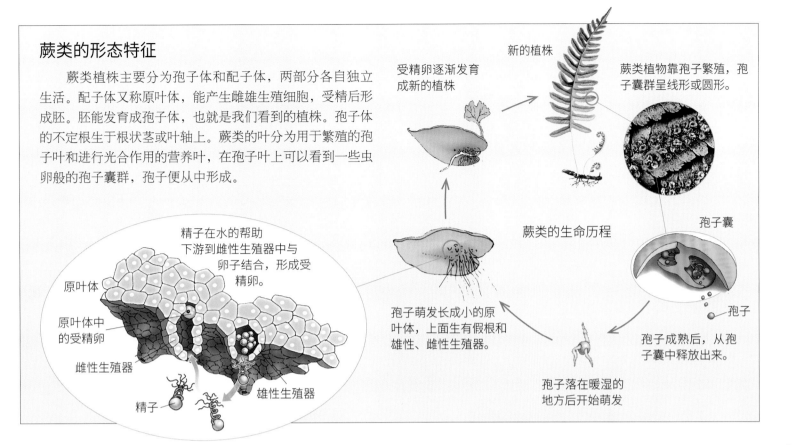

蕨类的生命历程

新的植株

受精卵逐渐发育成新的植株

蕨类植物靠孢子繁殖，孢子囊群呈线形或圆形。

孢子囊

孢子

精子在水的帮助下游到雌性生殖器中与卵子结合，形成受精卵。

原叶体

原叶体中的受精卵

雌性生殖器

精子

雄性生殖器

孢子萌发长成小的原叶体，上面生有假根和雄性、雌性生殖器。

孢子成熟后，从孢子囊中释放出来。

孢子落在暖湿的地方后开始萌发

松叶蕨

　　松叶蕨是松叶蕨科松叶蕨属植物，附生于树干上或岩缝中。松叶蕨的孢子体仅有假根，叶较小，枝条细长。松叶蕨是古代孑遗物种，在3亿多年前的泥盆纪就已经存在于地球上。松叶蕨所在的裸蕨纲中，有一些已灭绝的物种曾在古生代非常繁盛，是形成煤炭的主要植物。

球形孢子囊

松叶蕨

蕨菜

　　蕨菜通常指的是蕨科蕨属植物欧洲蕨的变种，广泛分布于全球热带及温带地区，多生长在阳光充足、土壤湿润肥沃、植被覆盖率高的山坡上。蕨菜株高可达1米，叶片长30~60厘米，呈三回羽状，其嫩叶与根状茎经处理后可供人食用。

蕨菜的拳卷叶上有一层白色的绒毛，随着叶片的生长，绒毛会渐渐消失。

木贼

　　木贼是木贼科木贼属植物，株高可达1米以上，在蕨类植物中算是"高个子"。它的地上茎很纤细，直径6~8毫米，直立生长，中空而有节，表面呈灰绿色或黄绿色。木贼主要分布于中国东北、华北、内蒙古和长江流域等地。

荚果蕨

木贼的鞘筒

水韭

　　水韭是水韭科水韭属植物，是一种比较独特的中小型蕨类，多生于沼泽、沟塘淤泥中。世界上现存的水韭有70多种，其中中华水韭是中国特有的物种。由于人类对环境的破坏，水韭已极度濒危，是国家一级保护野生植物。

水韭

飞 花 令

山村五绝
[宋]苏轼

老翁七十自腰镰，
惭愧春山笋蕨甜。
岂是闻韶解忘味，
迩来三月食无盐。

裸子植物

最早的裸子植物出现于距今约3.5亿年的古生代泥盆纪。地球的地质、地貌及气候经过多次重大变化，裸子植物的种系也多次演变更替，许多种类相继灭绝，新生种类陆续演化，只有极少数物种一直保留下来，成为植物界的"活化石"。现存的裸子植物有1000多种，中国有200多种。虽然种类远比被子植物少，但裸子植物的分布十分广泛，二者的森林覆盖面积近乎相等。

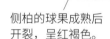

侧柏的球果未成熟时呈蓝绿色，肉质，外层包裹着白色粉末状的物质。

红豆杉

红豆杉科红豆杉属包含约 8 种植物，主要分布于北半球，其中分布于中国的有中国红豆杉、东北红豆杉、云南红豆杉、南方红豆杉和喜马拉雅红豆杉等。红豆杉属植物是一类高大的乔木，树高可达 30 米，种子呈卵圆形，具红色、肉质的种托。红豆杉属植物的根、枝、叶等器官中含有抗癌物质紫杉醇，它们因此遭到过度砍伐。现在，红豆杉属植物被世界公认为第四纪冰川遗留的、濒临灭绝的古老孑遗植物，其中一些物种是国家一级保护野生植物。

侧柏的球果成熟后开裂，呈红褐色。

红豆杉的叶片细窄而扁平，水杉、三尖杉等裸子植物有类似的叶片。

鲜艳的种托能吸引鸟类啄食，帮助红豆杉传播种子。

松树

松科松属植物是具有代表性的裸子植物，可统称为松树。松树雄雌同株，叶片呈针形，果实为球果，是一类高大挺拔的乔木。松树分布广泛，多生长在北半球温带地区。分布于中国的松树主要有马尾松、白皮松、油松、华山松、云南松、红松等，它们是重要的造林绿化树种。

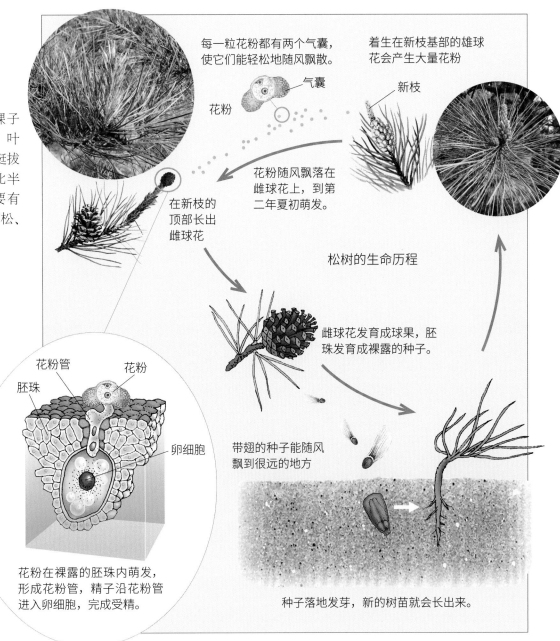

每一粒花粉都有两个气囊，使它们能轻松地随风飘散。

气囊

花粉

着生在新枝基部的雄球花会产生大量花粉

新枝

花粉随风飘落在雌球花上，到第二年夏初萌发。

在新枝的顶部长出雌球花

松树的生命历程

雌球花发育成球果，胚珠发育成裸露的种子。

花粉管　花粉

胚珠

卵细胞

带翅的种子能随风飘到很远的地方

花粉在裸露的胚珠内萌发，形成花粉管，精子沿花粉管进入卵细胞，完成受精。

种子落地发芽，新的树苗就会长出来。

大多数松树的叶片宛如绿色的长针，水分消耗很少，即便到了寒冷的冬季也不易脱落。

百岁兰

百岁兰是百岁兰科唯一物种，是远古时代遗留下来的植物"活化石"之一，平均寿命可达数百年。百岁兰一生只长2枚叶片，叶片长2～3.5米，宽约60厘米。百岁兰的分布范围极其狭窄，几乎只生长在非洲西南部的狭长近海沙漠中。为了适应特殊的生存环境，百岁兰的根可长达3～10米，用来吸取地下水。而到晚上，海上的雾气凝结成露，百岁兰可依靠叶面上的气孔吸收水汽。

百岁兰叶片的基部会不断生长，顶部逐渐枯萎、破裂，看起来像有很多叶片一样。

百岁兰的雄球花

被子植物

被子植物在植物演化史上出现得最晚，却是现在的植物界中最大、最复杂的一个门类。它们的胚珠不像裸子植物那样暴露在外，而是被保护在子房内，能在适当的条件下发育成种子。大部分被子植物通过开花进行繁殖，因此又称有花植物或显花植物。如今，自然界中有30多万种被子植物，它们能适应地球上的不同环境，分布非常广泛。中国约有3.1万种维管植物，隶属于301科3408属，其中包含约3万种被子植物。

被子植物的起源

被子植物的起源可追溯到侏罗纪，到了距今约6500万年的白垩纪末期，被子植物的种类已十分丰富，取代了裸子植物在地球上的"统治地位"，极大地影响了昆虫、两栖动物、哺乳动物、蕨类植物，以及其他许多生物类群的演化进程。许多科学家认为被子植物最早出现于热带地区，然后向两极方向扩散。

辽宁古果是已知最原始的被子植物之一，我们可以从化石中看到清晰的植株形态。

被子植物的生命构成

大多数的被子植物是由根、茎、叶、花、果实、种子构成的。根系大多长在地下，负责吸收地下的水分和无机盐，并固持地面上的植株。茎和枝条的作用是运输水分、养分，并支撑植株。叶是进行光合作用、制造营养物质的器官，还担负着输送水分和营养物质的任务。花、果实和种子则是被子植物重要的繁殖器官。

花

果实

种子

叶

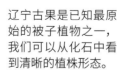

被子植物的结构示意图

茎

根

被子植物的生命历程

被子植物的种子成熟后可以在自然力或人力的作用下迁移，并在适当的条件下萌发，发育成幼苗。幼苗渐渐长大，至繁殖期开花。在此期间，雄蕊产生的花粉能通过动物、风或水等媒介传送到雌蕊的柱头上。经相互"识别"，花粉受到柱头分泌物的刺激，长出花粉管，并释放精子到子房内的胚囊里，与卵细胞结合。完成受精后，胚珠和子房壁分别发育成种子及果皮，形成果实。果实里的种子经传播，又进入新一轮的生命历程。

被子植物的生命周期

被子植物从种子萌发到枯萎死亡，可视为一个生命周期。根据生命周期的长短，被子植物可大致分为一年生植物和多年生植物。大多数草本植物为一年生植物，它们会在大约一年的时间里完成生命的全过程，产生下一代的果实和种子后，植株便枯萎死亡。乔木和灌木普遍为多年生植物，种子萌发到长出幼苗需要经历几年的时间，发育成熟后能多次开花结果。

桃为多年生植物

①春天将桃核
播种到土壤中

果实内的种子
留待来年播种

②当年长出幼苗

③经过2～3年的
时间长成幼树

⑤夏天结出
甜美的桃子

④春天开出
美丽的桃花

枝繁叶茂的桃树，每年循环
往复地开花、结果。直到几
十年后，桃树才会衰老死亡。

⑥秋天树叶
枯黄飘落

⑦冬天在寒风中
静静地休眠

玉米为一年生植物

①春季时播种

②12～15天
后长出幼苗

雄穗开花散粉

雌穗的花丝
接受了花粉
粒后，开始
长出果粒。

③幼苗长出6～8枚
叶片时开始拔节，
生长速度加快。

④进入雌穗、雄穗分化期

花丝变成深色乃至
干枯时，玉米果实
就快成熟了。

⑤进入果实
收获期

玉米果实收获干
燥后，可作为第
二年播种的种子。

植物家族密码

生物是有生命的，可以从外界摄入物质，获取能量，进行生长、发育和繁殖，保证物种的延续性。俗话说，种瓜得瓜，种豆得豆。植物繁殖后代时，是不是传递着某种神秘的家族密码，使后代能够成功继承种族的遗传信息？经过几代科学家的不懈努力，我们现在知道，承载遗传信息的物质是核酸，绝大多数生物的遗传信息都是通过脱氧核糖核酸（Deoxyribonucleic Acid,简称 DNA）记录的。细胞核内的染色体则是存放着生物遗传信息的"货架"。

植物的繁殖

植物与其他生物一样，在个体生长发育到一定时期，就开始繁殖后代。许多植物能够通过孢子、出芽、营养体等进行无性繁殖。如多肉植物的叶片脱落下来可长成新的植株。无性生殖过程中没有两性生殖细胞的结合，母体直接产生不改变遗传性状的新个体。但在有性生殖过程中，二倍体细胞通过减数分裂形成单倍体配子，配子结合恢复二倍体合子。由于配子来源于不同的亲代，所带有的基因可相同，也可不同，就有可能出现有新基因型的后代。

无性繁殖的多肉植物

细胞分裂

生物的生长繁殖，离不开细胞分裂。单细胞的低等生物通过细胞分裂产生新个体；多细胞生物则以细胞分裂的方式，不断产生新细胞，增加细胞的数量和种类，使生物体生长发育。我们能从出生时的几十厘米高，长到 1 米多高，就是细胞分裂的结果。

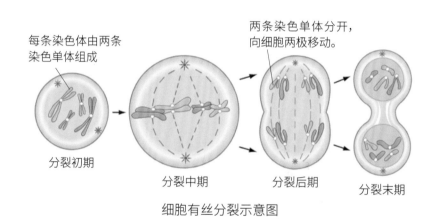

每条染色体由两条染色单体组成

两条染色单体分开，向细胞两极移动。

分裂初期　　分裂中期　　分裂后期　　分裂末期

细胞有丝分裂示意图

孟德尔的豌豆杂交实验

格雷戈尔·孟德尔是奥地利生物学家，他发现了最基本的遗传规律。他选择多个有对应性状的豌豆，如茎高或矮、花白色或粉色等，让有对应性状的豌豆杂交出第一代，再让第一代豌豆自交传粉繁育第二代，统计不同性状豌豆的数量比例。根据实验结果，他提出：生物的性状是由遗传因子决定的；体细胞中控制同一性状的遗传因子成对存在，不相融合；在形成配子时，成对的遗传因子彼此分离，分别进入不同的配子中，遗传给后代，雌雄配子的结合是随机的自由组合。

孟德尔被誉为"现代遗传学之父"

粉花豌豆

纯种的粉花豌豆和白花豌豆杂交后，产生的后代都是粉花豌豆。

杂交杂交豌豆自交产生的下一代中，粉花豌豆和白花豌豆比例接近 3∶1。

自交

白花豌豆

在开花之前，豌豆已经完成了授粉。因此，在自然状态下豌豆后代均为纯种，只有通过人工授粉才能形成杂交种。这是孟德尔选择豌豆作为实验材料的重要原因之一。

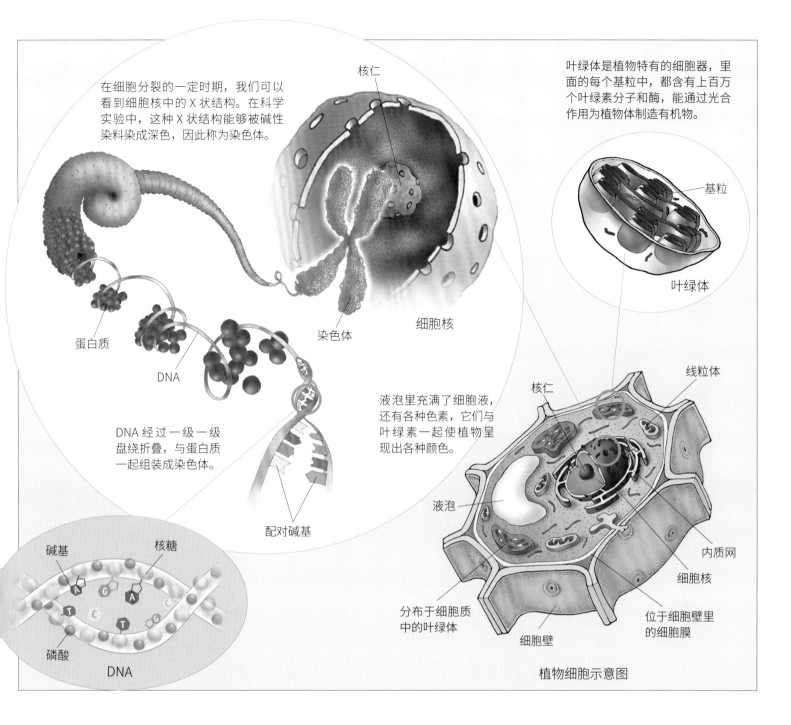

在细胞分裂的一定时期，我们可以看到细胞核中的 X 状结构。在科学实验中，这种 X 状结构能够被碱性染料染成深色，因此称为染色体。

核仁

叶绿体是植物特有的细胞器，里面的每个基粒中，都含有上百万个叶绿素分子和酶，能通过光合作用为植物体制造有机物。

基粒

叶绿体

蛋白质

DNA

细胞核

染色体

DNA 经过一级一级盘绕折叠，与蛋白质一起组装成染色体。

配对碱基

液泡里充满了细胞液，还有各种色素，它们与叶绿素一起使植物呈现出各种颜色。

核仁

线粒体

液泡

内质网

细胞核

分布于细胞质中的叶绿体

位于细胞壁里的细胞膜

细胞壁

碱基　　　核糖

A　G　A
T　C　T　G　C

磷酸

DNA

植物细胞示意图

植物细胞

　　细胞是一切地球生物结构和功能的基本单位。植物细胞有细胞壁、液泡和叶绿体等细胞器。细胞壁是植物细胞的重要特征，由纤维素和半纤维素组成。细胞壁不是一堵"死墙"，里面有许多活蹦乱跳的"小家伙"，在接受外界信息、改变细胞形状等方面，细胞壁负有重要的使命。液泡具有渗透调节、储藏等功能。叶绿体则能使植物通过光合作用制造有机物。

染色体与DNA

　　染色体上载有物种的全部遗传信息。这些信息就藏在被称为 DNA 的长链大分子上。DNA大分子由两条长长的核苷酸链组成。这两条链呈双螺旋结构，就像一个盘旋而上、两边有扶手的楼梯，磷酸和核糖构成了"楼梯的扶手"，扶手之间的阶梯是一对对"手拉手"的碱基，生命的遗传密码就是通过碱基排列记录的。细胞在分裂时，通过 DNA 的自我复制能够得到完全相同的另一套染色体，分配给新生的细胞，这就是父母亲能把自己的遗传信息传递给子女的原因。

植物变异与育种

为了适应环境，更好地生存下来，植物的形态、结构、化学组成和遗传特性总是不断变化，这就是植物的变异。导致植物变异的因素很多，例如气候、土壤、周边昆虫等自然因素，以及污染、人工育种等人为因素。很多植物变异现象只是形态的临时改变，生存环境恢复原状后，植物也会恢复原来的形态。只有当植物的遗传物质——基因发生改变时，才真正产生了能够遗传到下一代的变异特征。

番茄的种子到太空中"旅行"后，太空射线可能会导致番茄的 DNA 突变，出现新性状。

杂交育种

在自然条件或人工控制条件下，两个不同物种繁殖产生后代，称为杂交。同科属的远源亲缘物种杂交时，由于基因差别大，常常会产生明显优于亲本的特征，称为杂种优势。利用这种原理，人们可以进行杂交育种，培育出更符合需要的农作物。为了保持杂种优势，人们需要长期选育，保留合适的植物后代，进一步进行杂交和回交。培育杂交水稻时甚至需要培育约 12 代，才能使优势性状基本稳定下来。

野生稻

袁隆平院士领导团队培育出了高产杂交水稻品种，育种过程中用到了在三亚发现的野生稻。中国是全球首个成功研发和推广杂交水稻的国家。

诱变育种

DNA 能在细胞分裂时精确地复制自己，保持稳定地遗传。但如果 DNA 自我复制过程中受到某些因素的干扰，就可能发生差错，出现新的突变基因。原有基因被取代，后代便可能因此出现祖先从未有过的新性状，这就是基因突变现象。人们利用物理、化学等因素，可以诱导作物发生可遗传的基因变异，进而从变异后代中选择需要的个体，直接或间接育成新品种，这样的育种方式称为诱变育种。

基因工程

基因工程是一种培育植物品种的新技术，可以克服植物远缘杂交的障碍，使完全不同的物种基因融合，产生完全新型的生物物种，如转鱼抗寒基因的番茄、抗棉铃虫虫害的棉花等。

多倍体育种

有籽西瓜

体细胞中含有两个染色体组的生物个体，称为二倍体，常见的二倍体植物有水稻、玉米、白菜、西瓜等。改变染色体组的数量，使植物产生变异个体，进而选育出新品种的育种方法称为多倍体育种。二倍体品种的染色体数加倍后成为四倍体，花和种子往往会明显变大。四倍体与二倍体杂交，后代为不育的三倍体。日本于 1939 年开展三倍体育种，并获得了三倍体无籽西瓜。后来，人们还培育出含糖量更高的三倍体甜菜。

无籽西瓜是人工培育出的三倍体植物，没有繁殖能力，果实中没有种子。

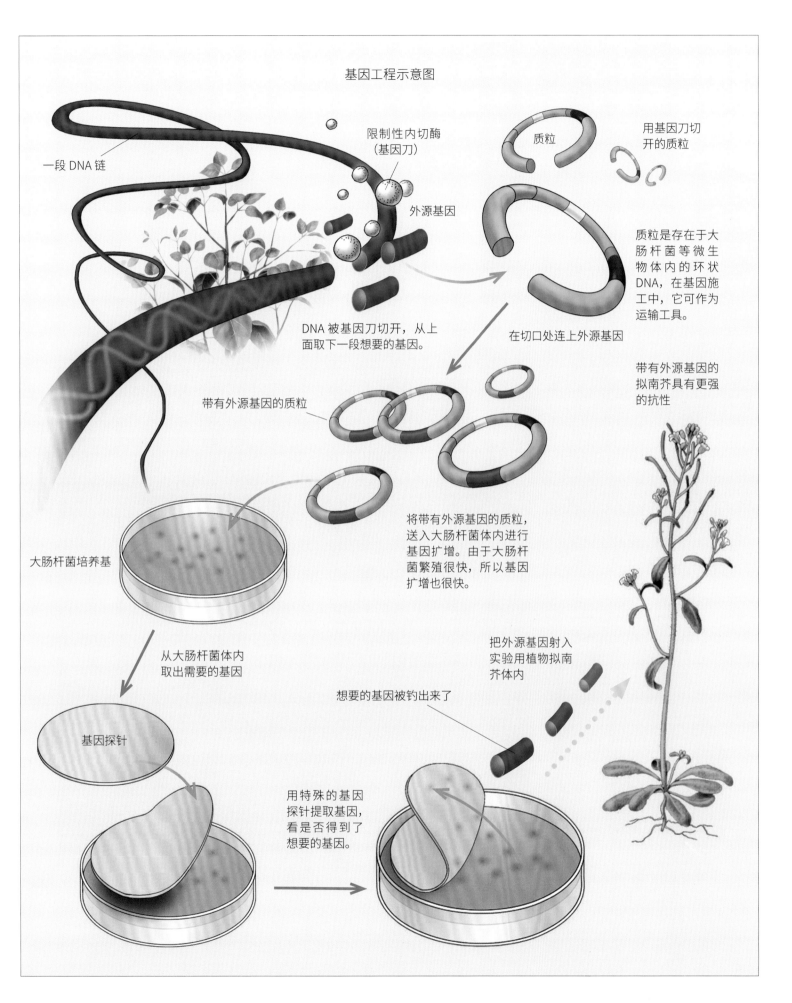

基因工程示意图

一段 DNA 链

限制性内切酶
（基因刀）

外源基因

质粒

用基因刀切
开的质粒

DNA 被基因刀切开，从上
面取下一段想要的基因。

在切口处连上外源基因

质粒是存在于大
肠杆菌等微生
物体内的环状
DNA，在基因施
工中，它可作为
运输工具。

带有外源基因的质粒

带有外源基因的
拟南芥具有更强
的抗性

大肠杆菌培养基

将带有外源基因的质粒，
送入大肠杆菌体内进行
基因扩增。由于大肠杆
菌繁殖很快，所以基因
扩增也很快。

从大肠杆菌体内
取出需要的基因

把外源基因射入
实验用植物拟南
芥体内

想要的基因被钓出来了

基因探针

用特殊的基因
探针提取基因，
看是否得到了
想要的基因。

柑橘的变异

　　从中国土生土长的柚、柑橘、橙，到舶来的柠檬、葡萄柚……这些或大或小、或长或圆、或酸或甜的水果你肯定不会陌生。在了解了植物分类、演化和基因知识后，是时候重新认识一下这个复杂的家族了。这些常见的水果都是芸香科柑橘属植物，很可能起源于喜马拉雅山脉附近。香橼、柚子和宽皮橘是柑橘家族的"三大元老"，它们在不同的自然环境中产生变异，发生杂交，不断交流基因，形成了丰富多样的新物种。

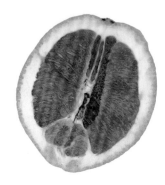

脐橙是甜橙的栽培品种，果实内多长出了个小果子。

柚

甜橙

柑橘包含种类繁多的栽培品种，芦柑是其中较常见的一种。

葡萄柚又称西柚，果肉带有一丝苦味。

柠檬的果实很酸，具有浓郁的芳香气味。

来檬又称青柠，18世纪时欧洲船员曾用它来治愈坏血病。

柑橘属植物的杂交

大多数情况下，两个物种杂交无法正常孕育后代。但柑橘属较为特殊，其中几乎任意两个物种，都能杂交产生后代，这是导致柑橘家族关系混乱的重要原因。柑橘属植物的杂交有一定的规律，例如新物种的果实大小会偏向于果实更小的亲本，并且新物种的果实酸度会偏向于更酸的一方。所以，由柚子和甜橙杂交出的葡萄柚，其大小会更接近甜橙，味道却比甜橙酸。

自然DIY

橙子皮"炸"气球

先准备好一个橙子，然后让爸爸妈妈帮你拿着一个吹好的气球，挤压橙子的果皮，让汁液溅到气球上。这时一定要注意安全，因为马上你就会听到"乒"的一声，气球爆炸了。你知道橙子皮为什么具有这样的威力吗？

柑橘属植物杂交关系示意图

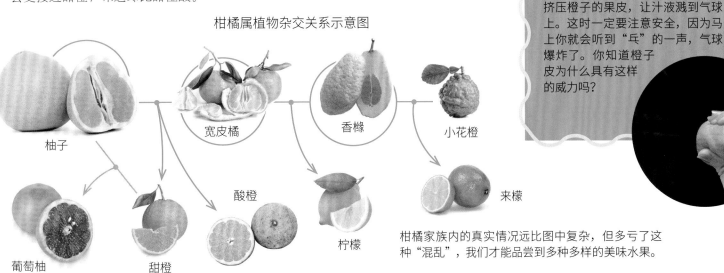

柚子　宽皮橘　香橼　小花橙

葡萄柚　甜橙　酸橙　柠檬　来檬

柑橘家族内的真实情况远比图中复杂，但多亏了这种"混乱"，我们才能品尝到多种多样的美味水果。

柚

柚是芸香科柑橘属乔木，又称柚子、文旦、抛等，现于亚洲东南部各国均有栽培。柚子在中国的栽培历史很长，早在秦汉以前的古书中已有对柚子的记载。柚子的果实较大，汁水丰富，略带苦味，花期4～5月，果期9～12月。柚子的果实表皮较厚，能保存相当长时间，因此被誉为"天然水果罐头"。许多柑橘属植物都带有柚子的基因，如芦柑、丑橘等柑橘品种。

香橼

香橼是芸香科柑橘属灌木或乔木，又称枸橼、香泡等，多生长在高温潮湿的地方，如中国台湾、福建、广东、云南等地，中国栽培香橼的历史可以追溯到2000多年前。香橼花期4～5月，果期10～11月，果实很大，重可达2千克，外果皮非常粗糙，很难剥离，果肉也比较少。虽然不够好吃，但香橼果实的香气十分浓郁，变种佛手更是造型独特，常被古人摆放在室内观赏。

金柑

金柑是芸香科柑橘属乔木，又称金橘、公孙橘、金豆等，在中国南部多见栽培。金柑花期3～5月，果期10～12月，果实呈椭圆形，果皮味道甜美，果肉味酸，果实内有2～5粒种子。在人工栽培情况下，金柑可多次开花，果实恰好在春节期间成熟。因此，在中国广东、台湾、福建等地，金柑盆栽是最受欢迎的新春装饰盆栽之一。

柚子果实呈圆球形或梨形，重量约1千克。

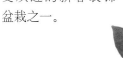

香橼

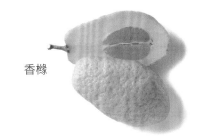

佛手是香橼的变种，果实造型奇特，香气浓郁。

金柑盆栽在3～8月可多次开花

金柑

四季橘是金柑与酸橘类植物的杂交后代

香蕉的"基因魔咒"

香蕉是人们对芭蕉科芭蕉属可食用植物的统称。全球有130多个国家和地区生产香蕉，产量仅次于葡萄和柑橘，居世界水果产量的第三位。香蕉还是全球第四大粮食作物，是约5亿人口的主要营养来源。自从香蕉被广泛种植后，人们为了提高产量，降低成本，经常大规模种植单一品种。当突发性病虫害和气候灾害到来时，香蕉大面积减产甚至品种灭绝的危险性也越来越高。为了打破这种写在物种基因里的"魔咒"，科学家、政府相关部门和果农都需要付出努力。

香蕉植株丛生，株高 2～5 米，叶片呈长圆形，每一植株能结果 150～200 个。

自然生长的芭蕉属植物，果实中普遍有很多种子。

香蕉的起源与驯化

现在市场上的香蕉，都是人类经过多年培育改良后的栽培品种。它们的祖先是分布于亚洲东南部的小果野蕉和野蕉，果实里面有大而硬的种子，味道很差。后来小果野蕉与野蕉自然杂交，才产生美味的果实，被人们广泛种植和驯化。人类食用香蕉的历史非常悠久，据考古发现，4000 年前的古埃及陶器上就有香蕉图案。中国从汉朝就开始栽培香蕉，当时称之为甘蕉。

经历了自然杂交和人工培育，香蕉的种子退化成黑色的小斑点，果实味道更加香甜。

为了方便长途运输，果农会将还未完全成熟的青色香蕉采摘下来，到达目的地后用安全的植物激素促进果实成熟。

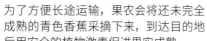

香蕉的果皮

香蕉果皮的颜色能反映出果实的成熟度。还未成熟时，果皮呈青绿色，成熟后变成黄色，并渐渐长出黑色的斑点，完全氧化后的果皮会变成黑褐色。当你吃完香蕉后，千万不要随处乱扔果皮，香蕉皮使人摔倒的情况可不只出现在动画片里。日本科学家曾设计实验，测量人踩到香蕉皮时，鞋底与香蕉皮、香蕉皮与地面间的摩擦力，发现被踩过的香蕉皮会渗出糖分和水分，容易使人滑倒。这一研究结论获得了搞笑诺贝尔奖。

灭绝的香蕉品种

　　虽然有数百个香蕉品种可供人食用，但果农更愿意种植易于生产和运输、口味较好的品种。大规模栽培和长期无性繁殖香蕉的结果，是遗传多样性的丧失，品种灭绝的风险也越来越高。1870～1965年，世界上栽培的绝大多数香蕉称为大米歇尔香蕉。这种香蕉具有皮厚结实、方便运输储存的优点，并且口感好，甜度高。20世纪上半叶，由真菌侵染引起的传染病感染了这个品种，大规模的单一品种种植导致疾病迅速蔓延，全球的香蕉贸易近乎崩溃。之后，大米歇尔香蕉在美洲和非洲绝迹。

应迅速砍除被真菌感染后的香蕉植株，避免传染果园中的其他香蕉。

危险的华蕉

　　大米歇尔香蕉退出农业市场后，能够抵抗传染病的新品种成为香蕉界的"新霸主"。现在市场上的绝大多数香蕉是华蕉及由它培育出的品系。20世纪末，一种新的传染病感染了华蕉，并摧毁了亚洲、非洲和澳大利亚等许多地区的种植园。为了防止华蕉像大米歇尔香蕉一样"惨遭灭门"，生物学家们正在试图运用基因编辑技术保护华蕉，将特定的抗病基因转入华蕉的基因组内，让它拥有抵抗传染病的能力。

昆虫对香蕉的威胁也不容忽视。例如香蕉象鼻虫会蛀食香蕉叶鞘，严重影响植株生长。

如果你好奇大米歇尔香蕉的味道，可以去尝尝香蕉味的糖果、冰淇淋、牛奶，因为其食品添加剂是模拟大米歇尔香蕉制作的。

不需要经历花粉传送等有性生殖过程，香蕉雌花的子房就能膨大，长成果实。

香蕉的苞片呈紫红色，香蕉的花被层层叠叠地包裹在苞片之中。

物种保护

人们不断认识新物种，使植物造福人类，并开发新技术利用植物资源。但同时，人类活动对自然环境造成不利影响，植物赖以生存的生态环境遭到破坏，一些美丽的植物因此渐渐从地球上消失。如何与自然环境中的其他生物朋友和谐共处，成为摆在我们每个人面前的问题。如今，科学家在积极研究保护物种的手段，建立基因库保存物种遗传信息。全球各界也形成了保护生物多样性的共识，共同为保护植物和地球出谋划策。

国家一级保护
野生植物珙桐

建立基因库

运用分子生物学和生物信息技术，科学家可以建立基因数据库，保存大量生物的 DNA 序列信息。建立基因库能够保护珍贵且特有的遗传资源，维护生物资源的多样性。2016 年 9 月 22 日，中国首个国家基因库正式建立。这是全球继美国国家生物技术信息中心、欧洲生物信息研究所、日本 DNA 数据库之后的第四大基因库，也是全球最大的综合性基因库。

中国国家基因库依山而建，环境优美。

植物组织培养

利用植物细胞的特性，科学家们创造出了一些保护物种的方法，组织培养就是其中之一。组织培养的基本原理是植物的茎尖、芽、叶、块茎等部位可被培育成完整的植株。植物组织培养除了用于快速繁殖外，还可用来挽救患病的植物。遭受病毒侵袭的植株，很难被治愈，但它的茎尖是刚长出来的，还没有感染上病毒，所以从茎尖取不带病毒的细胞进行一系列处理，就可以使患病植株获得新生。

《生物多样性公约》

1992 年，联合国环境与发展大会在巴西里约热内卢召开，包括中国在内的 153 个国家在会上签署了《生物多样性公约》，此后共 193 个国家签署了这个公约。这是一项保护地球生物资源的国际性公约，具有法律约束力，旨在保护濒临灭绝的植物和动物，最大限度地保护地球上多种多样的生物资源。这个公约提醒着人们，自然资源不是无穷无尽的，保护生物多样性符合人类的共同利益，是世界发展进程中不可缺少的一部分。

国际自然保护联盟

国际自然保护联盟（International Union for Conservation of Nature，简称 IUCN）成立于 1948 年，是目前全球最重要的世界性保护联盟，以自然保护和可持续发展为目标。联盟组织根据严格准则评估了数以千计的物种的绝种风险，并发布了《国际自然保护联盟濒危物种红色名录》（简称《IUCN 红色名录》），向公众展示生物保护工作的迫切性，协助国际社会挽救濒危物种。

邮票上的珍稀植物——长蕊木兰

《生物多样性公约》标志

国际自然保护联盟会徽

《IUCN 红色名录》将生物物种编入 9 个不同的保护级别，分别是灭绝（EX）、野外灭绝（EW）、极危（CR）、濒危（EN）、易危（VU）、近危（NT）、无危（LC）、数据缺乏（DD）和未评估（NE）。

人造种子

农业生产离不开播种，而种子一般来自植物的果实。现在，这个千古不变的规律被细胞工程打破了。科学家们从植物体上取下一小枚嫩叶，通过细胞组织培养，就可以获得许多像天然种子那样的胚状体。人们为这些胚状体包上人工种皮，在里边放上供胚体发育生长的营养物质，就制成了人造种子。使用这种方法，只用一株植物就能制造出几百万个种子，可节省育种农田和时间。

国家一级保护野生植物水杉

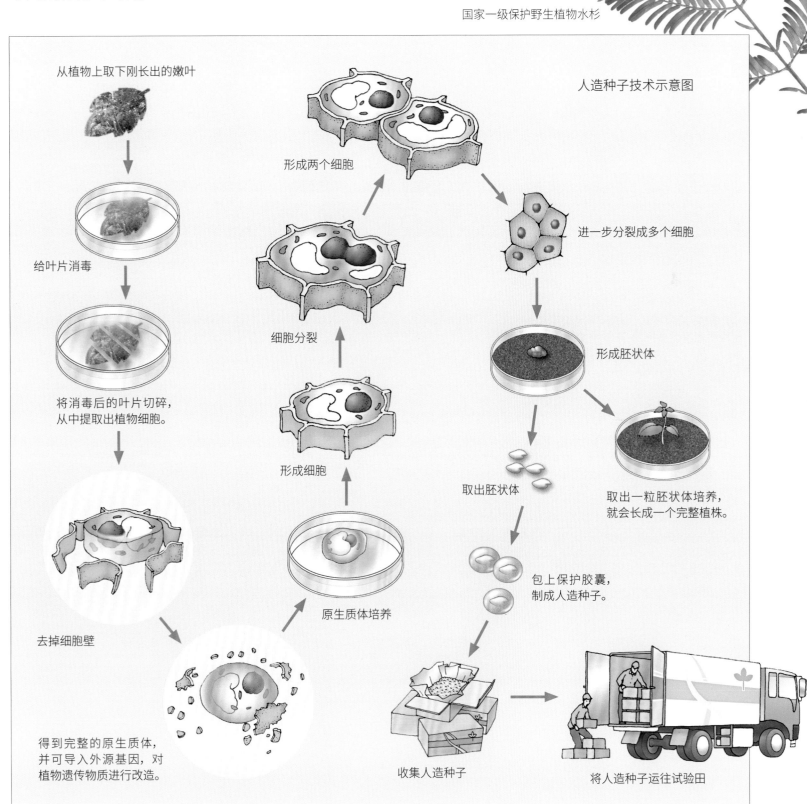

人造种子技术示意图

从植物上取下刚长出的嫩叶

给叶片消毒

将消毒后的叶片切碎，从中提取出植物细胞。

去掉细胞壁

得到完整的原生质体，并可导入外源基因，对植物遗传物质进行改造。

形成两个细胞

细胞分裂

形成细胞

原生质体培养

进一步分裂成多个细胞

形成胚状体

取出胚状体

包上保护胶囊，制成人造种子。

取出一粒胚状体培养，就会长成一个完整植株。

收集人造种子

将人造种子运往试验田

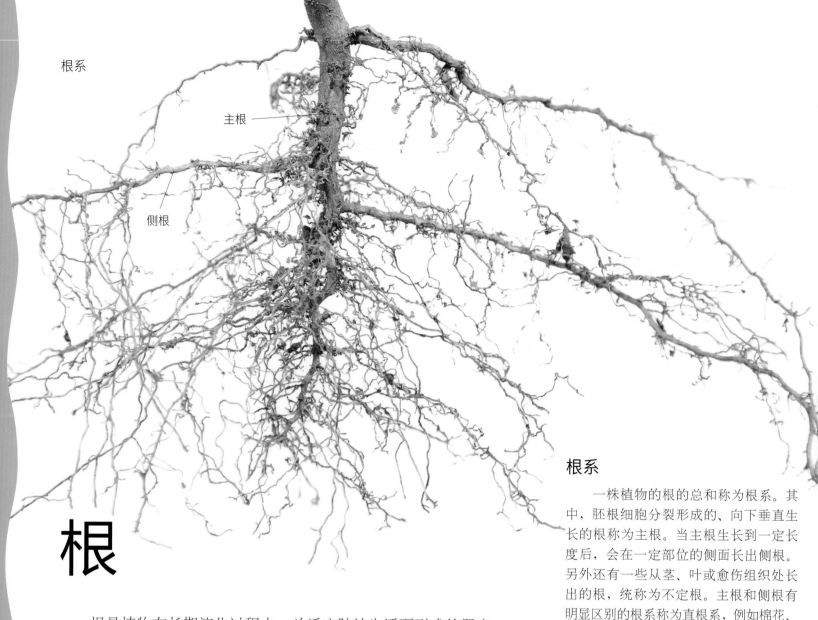

主根

侧根

根

根是植物在长期演化过程中，为适应陆地生活而形成的器官，由种子中的胚根发育而来。大多数植物的根长在土壤之中，默默无闻地担负着固定植株、吸收水分和养分的重任。从土壤中吸收的营养物质，通过根内的维管组织输送到植株的各个部分，供给植物的生长需要。根的功能不止于此，一些重要的植物激素能在根中合成，例如用来调节植物生长的赤霉素和细胞分裂素。根还具有繁殖功能，有些植物的根会长出不定芽，继而萌发新枝。

根尖

根的顶端称为根尖，后部密生着根毛。自根尖顶端到生根毛的部位可分为根冠、分生区、伸长区和成熟区 4 个部分。根冠呈帽状，套在分生区外方，其细胞大而壁薄、排列疏松，外壁能分泌黏液，有利于根尖在土壤中向前伸展，并保护根尖。分生区能不断进行细胞分裂，产生新的细胞。伸长区的细胞能延伸，使根伸长。成熟区的细胞伸长基本停止，最外层通常由一层长方形、排列较整齐的表皮细胞所组成，其中一部分细胞的外壁向外突出延伸形成根毛。

根系

一株植物的根的总和称为根系。其中，胚根细胞分裂形成的、向下垂直生长的根称为主根。当主根生长到一定长度后，会在一定部位的侧面长出侧根。另外还有一些从茎、叶或愈伤组织处长出的根，统称为不定根。主根和侧根有明显区别的根系称为直根系，例如棉花、大豆和油菜等大多数双子叶植物的根系。主根和侧根没有明显区别，或是全部由不定根组成的根系称为须根系，例如稻、小麦和玉米等单子叶植物的根系。

根尖的内部结构示意图

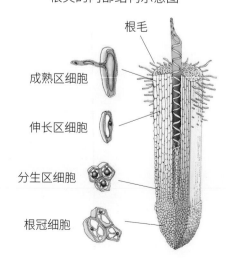

根毛

成熟区细胞

伸长区细胞

分生区细胞

根冠细胞

根芹是旱芹的变种，其柔嫩的肉质根长得很大，可供人食用。

贮藏根

贮藏根是植物为适应不同环境而产生的变态根，大多着生于地下，根体肥大，能有效地贮藏营养物质。根据发育来源的不同，贮藏根可分为肉质根和块根。肉质根由部分主根膨大发育而来，呈圆锥状或球状，如胡萝卜的可食用部分。块根由侧根或不定根发育而来，通常呈肥大块状，如番薯、木薯等植物的块根。

研磨辣根的肉质根，再加入食用色素，就可制成类似"青芥末"的调料。

根芹、胡萝卜、欧芹等植物都长有肉质根

番薯的块根中贮藏着丰富的营养，可供给新芽生长。

根用芥菜又称大头菜，其粗大的肉质根可腌制成咸菜。

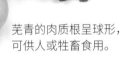

芜青的肉质根呈球形，可供人或牲畜食用。

气生根

植物生长于地面以上的根称为气生根，是植物为适应不同环境而产生的变态根。根据功能的区别，气生根可分为支持根、呼吸根、攀缘根等类型。支持根是从植株主干基部长出的不定根，较为粗大。呼吸根为生长在沼泽或沿海地带的一些植物所有，能向上生长，挺立于空气中进行呼吸。

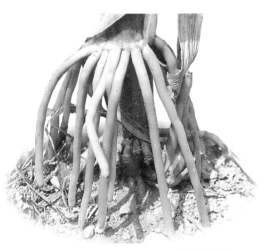

玉米的根系较浅，需要支持根来支撑植株。

落羽杉主要分布于北美洲东南部，于中国武汉等地有栽培。它能长出短柱状的呼吸根，以便在排水不良的沼泽地中生存。

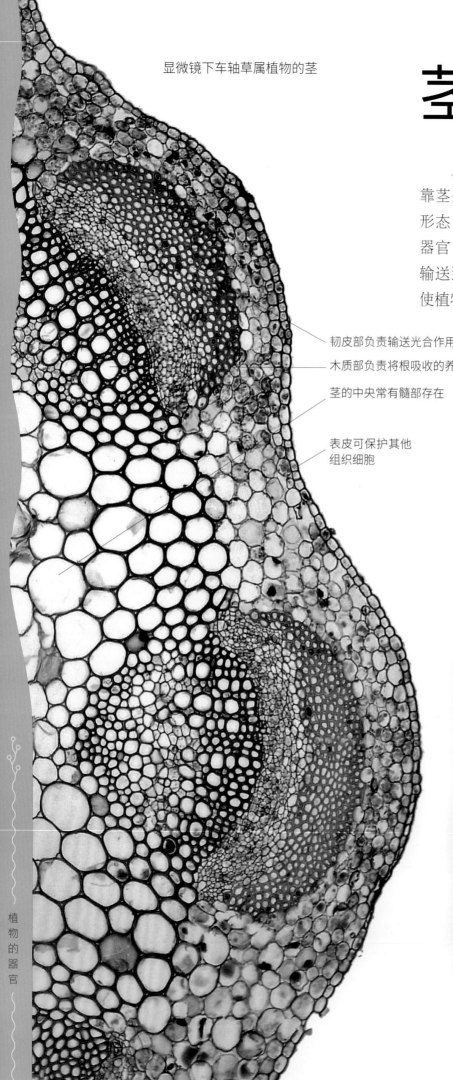

显微镜下车轴草属植物的茎

茎

人类靠躯干的支撑才能站立和行走，植物则主要依靠茎来支撑植株，不同类型的茎塑造了植物千变万化的形态。茎由胚芽发育而成，连接着植物的根、叶和花等器官，其中有维管组织，负责把根从土壤中吸收的物质输送到植株各个部分，同时输送光合作用获得的养分，使植物健康地生长、开花和结果。

韧皮部负责输送光合作用获得的养分

木质部负责将根吸收的养分向上运输

茎的中央常有髓部存在

表皮可保护其他组织细胞

木质茎与草质茎

有的植物长着脆弱的草秆，有的植物则长着强壮的树干，其中的区别主要在于茎的木质化程度。茎内部木质化细胞多，木质部分发达的茎称为木质茎，质地坚硬，较为粗大。长有木质茎的植物称为木本植物，其中有明显主干的称为乔木，没有明显主干且分枝多的称为灌木。茎内部木质化细胞少，木质部分不发达的茎称为草质茎，一般为绿色，质地柔软，不如木质茎粗壮。长有草质茎的植物称为草本植物。

| 彩虹桉 | 银白杨 | 榔榆 |
| 山桃 | 刺楸 | 白杜 |

形态多样的木质茎

年轮

树干的断面上有一圈圈疏密不同的纹理，称为年轮或生长轮。在乔木的茎中，有一层相当活跃的形成层细胞，它们能够使树干长粗。随着季节的变化，这些细胞的生长规律也会发生变化。春季气温升高，树干营养充足，细胞分裂得快，形成木质疏松、颜色较浅的春材；秋季气温转低，树干中的营养物质减少，细胞分裂慢，形成木质紧密、颜色较深的秋材。春材加上秋材，便构成了一个年轮。我们可以通过年轮来推算树木的年龄。

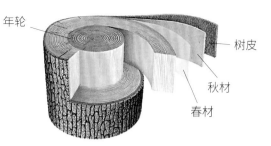

树干结构示意图

年轮
树皮
秋材
春材

变态茎

植物的茎多呈圆柱形，但为了适应环境，茎会发生变异，从而形成不同形状的变态茎。变态茎可大致分为地下变态茎和地上变态茎两类。常见的地上变态茎有卷须茎、刺状茎和肉质茎等类型，如葡萄的卷曲茎、蔷薇的刺状茎、仙人掌的肉质茎等。常见的地下变态茎有根状茎、球茎、块茎和鳞茎等类型，如荸荠的球茎、马铃薯的块茎、大蒜的鳞茎等。

风信子长有近似球形的鳞茎

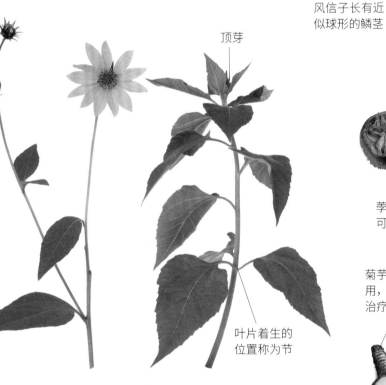

顶芽

叶片着生的位置称为节

菊芋的草质茎

荸荠的肉质球茎可供人食用

菊芋的块茎可供人食用，还能制成有助于治疗糖尿病的菊糖。

芽

芽是尚未发育的枝条或花，长在植物的茎上。茎与分枝顶端生有顶芽，节上生有侧芽。整个植株的形态，很大程度取决于芽着生的位置、排列和活动状况。如果顶芽生长得好，腋芽大多处于休眠状态，植株的主茎就比较高，分枝较少。如果顶芽生长缓慢，腋芽较为活跃，主茎周围会长出很多分枝。顶芽和侧芽之间有一定的相关性，例如摘去顶芽常能促使休眠的侧芽发育。

茎繁殖

植物的茎具有繁殖的功能，主要通过形成不定根和不定芽实现无性繁殖。自然状态下的茎繁殖大多以地下茎的繁殖为主，而人工茎繁殖则以扦插、压条和嫁接等培养地上茎的方式进行。利用地上茎进行繁殖，能缩短植物的生长期，使植物提前开花、结果。仙人掌、柳树、草莓等都是可以进行茎繁殖的植物。

园艺中常用嫁接技术培育植物，即将一种植物的枝条或芽体移接到另一种带根的植物上，嫁接成活后的植株与前者种类一致。

顶芽
侧芽
茎上的斑点称为皮孔，可供植物与外界交换气体。
叶片脱落后在茎上留下的痕迹称为叶痕

臭椿的枝条

地锦的卷须
末端有吸盘

茂密的地锦攀附于墙壁
上，金秋时叶片由绿转
红，别有一番情致。

常春藤属植物主要
依靠气生根来攀爬

藤本植物

藤本植物的茎长而细弱，不能直立，只能攀缘或缠绕在
其他植物或物体上生长。有些藤本植物以吸盘、不定根、卷须
等特殊器官实现攀爬，如地锦、凌霄、葡萄等。有些藤本植物则以
茎缠绕在别的物体上攀升，如紫藤、忍冬等。热带雨林是最适宜藤
本植物生长的环境之一，那里的藤本植物依靠强壮的卷须和吸盘缠
绕在高大乔木上，藤蔓长度可达80米，
犹如缠绕在树干之上的巨蟒。

地锦

地锦是葡萄科地锦属藤本植物，又称
爬山虎、铺地锦等。地锦的藤蔓柔软，茎
上有卷须，卷须末端遇到石壁、树木等物
体时，会形成具有黏性的吸盘，帮助植株
攀缘生长，花期5～8月，果期9～10月。
地锦属包含三叶地锦、五叶地锦、地锦等
10多种植物，分布于亚洲和北美洲。

豌豆的卷须由叶片变态而来，能抓住
旁边的物体，帮助植株保持直立。

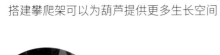
搭建攀爬架可以为葫芦提供更多生长空间

葫芦雌雄同株，花期夏季。

葫芦的果实呈哑铃形
或球形，果期秋季。

葫芦

  葫芦是葫芦科葫芦属藤本植物，又称瓠子、瓠瓜等，最早出现于印度和非洲热带地区，是人类最早驯化成功的植物之一。浙江河姆渡遗址曾出土葫芦果实及果皮遗存，说明中国的葫芦栽培史可上溯到新石器时代。葫芦的根系发达，藤蔓可长达 4 米，部分茎变态为卷须，可以缠绕住周围的物体，帮助藤蔓固定位置。葫芦的幼嫩果实可供人食用，成熟后果壳木质化，可用于制作容器或玩具。

紫藤种子宽约 1.5
厘米，圆而扁平。

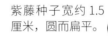

紫藤

  紫藤是豆科紫藤属藤本植物，又称紫藤萝、朱藤等，最早出现于中国中部和南部。紫藤的藤蔓较粗壮，右旋缠绕向上生长，长度可达 15 米，直径可达 20 厘米。紫藤花期 4 ～ 5 月，届时可看到紫色蝶形花组成的下垂总状花序，藤蔓攀附于花架、绿廊、枯树或山石之上，宛若"鲜花瀑布"。

紫藤长有荚果，
果期 5 ～ 8 月。

紫藤的花序长
15 ～ 30 厘米

紫藤以茎缠绕在其他物体上，
常被人们栽培于棚架处。

叶

植物的叶着生于茎上，是植物进行光合作用、制造养料的重要器官。叶内所含的叶绿素能吸收太阳光，将植物体内的二氧化碳和水转化为生长所需的营养。叶还是植物进行气体交换和水分蒸腾的主要场所。叶的形状多种多样，常被作为鉴别物种的依据之一。典型的叶由叶片、叶柄和托叶组成。

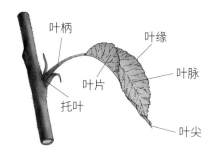

植物的叶

叶片的基本结构

植物的叶片主要由表皮、叶肉和叶脉组成。表皮位于叶片的最外层，起保护作用；叶肉位于表皮的内侧，能够制造、贮藏养分；叶脉则埋在叶肉中，起输导营养和支持的作用。此外，大多数植物叶片的表皮上有气孔，气孔能开闭，从而对气体交换进行调节。

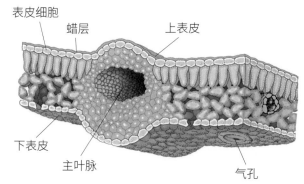

叶片结构示意图

叶脉

叶脉是指贯穿在植物叶片内的维管组织和机械组织，通过叶柄与茎内的维管组织相连，将植物体组成一个上下互通的输水网络结构。叶脉在植物叶片上呈现出的各种有规律的脉纹称为脉序，常见的脉序类型有平行脉序、网状脉序和叉状脉序等。

有些植物的叶片上可见数条明显的主叶脉，叶脉分支交错，联结成网，形成网状脉序。

阴香的主叶脉两侧有一对明显的侧脉，这样的脉序称为三出脉。

玉簪叶脉于叶尖汇合，形成平行脉序。

植物的器官

叶形

叶形指植物叶片的全形或基本轮廓，主要由叶片的长度和宽度决定。植物的叶形非常丰富，有鳞形、卵形、镰形、菱形、扇形、戟形、三角形、披针形等形状。世界上找不出两枚形状完全相同的叶片。

卵形叶片

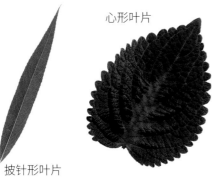

心形叶片

戟形叶片

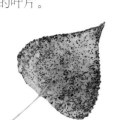

三角形叶片

披针形叶片

叶缘

植物叶片的边缘称为叶缘。叶缘的形态各种各样，常见的类型有全缘、波状缘、锯齿缘等。有些植物的叶缘不仅凹凸不齐，并且凹凸程度大，形成裂片叶。裂片叶的形态也不尽相同，如呈羽状排列的羽状裂，呈掌状排列的掌状裂等。根据叶缘缺刻的深浅程度，裂片叶还分为浅裂、深裂和全裂等。

大叶朴的叶缘有粗锯齿，前端有尖锐的叶尖。

羽叶薰衣草的叶片呈羽状分裂

传说中国古代工匠鲁班曾被长有锯齿状叶缘的叶片划破手指，受此启发发明了锯。

即使是同一株植物，也会长出叶形迥然不同的叶片，例如乳浆大戟同时有线形叶和卵形叶，叶形多变。

叶上生花

青荚叶是青荚叶科青荚叶属灌木，广泛分布于中国黄河流域以南地区。4～5月时，你能在它的主叶脉上看到淡绿色的小花。到了8～9月，你还能看到叶片上长出浆果。青荚叶科和百部科中的多种植物有这种"叶上生花"的特征。

青荚叶的果实长在叶脉上，幼时呈绿色。

你能数出图中有多少完整的叶吗？正确数量并不像看上去那么多，了解复叶的知识后再给出你的答案吧！

连翘长有单叶和三出复叶，复叶虽使叶片的总面积减小，但能减少风或雨水对叶片的压力。

叶的"算术题"

形形色色的植物上总是生长着郁郁葱葱的叶。对已经初步认识了叶的你，植物王国将要提出新的挑战：数一数枝条上共有多少完整的叶。这可不是一道简单的算术题，有的叶片由多枚小叶组成，有的叶片则构成了更为复杂的叶序，只有辨别清楚叶片与叶序的类型，才能准确地数出叶的数量。

栾树的羽状复叶多变，叶轴不分枝的称为一回羽状复叶。

栾树的小叶可以再度分裂，形态介于一回羽状复叶和二回羽状复叶之间。

单叶与复叶

如果植物的一个叶柄上只着生一枚叶片，这种叶称为单叶，如桃、李、旱柳等植物的叶。如果植物的一个叶柄上着生着多枚小叶，共同组成一枚完整的叶，这种叶称为复叶，如槐、月季等植物的叶。复叶是由分裂的单叶演化而来的，单叶的裂片分裂至完全独立时，就形成了复叶的小叶。根据小叶排列的方式，可将复叶分为羽状复叶、掌状复叶、三出复叶和单身复叶等类型。

欧洲七叶树长有掌状复叶，每枚小叶的尾部有小叶柄。

复羽叶栾树的叶轴分枝，再长出小叶，形成二回羽状复叶。

茎生叶与基生叶

　　植物的叶着生于茎上，叶长出的部位称为节，相邻两节之间的部分称为节间。有些植物有较长的草质茎或枝条，我们能明显看到叶在茎上的排列方式，这样的叶称为茎生叶。与之相反，有些植物的茎极度短缩，节间不明显，叶像是从根部簇生而出，如莲座般排列，这样的叶称为基生叶。车前、蒲公英等较低矮的草本植物多长有基生叶。

叶序

　　茎生叶在茎上的排列方式称为叶序，可分为对生、互生、轮生等类型。对生叶序是指同一节上的两枚叶片相对排列，如丁香、女贞、薄荷等植物的叶序。互生叶序是指每一节上只着生一枚叶片，并与上下相邻的叶片交互而生，所有叶片呈二列状或螺旋状排列，如白杨、榆叶梅等植物的叶序。轮生叶序是指每一节上着生三枚或更多的叶片，如夹竹桃、茜草等植物的叶序。

长花黄鹌菜长有基生叶，叶片互不重叠，可增加接受光照的面积。

鼠李

葡匐大戟

圆叶过路黄

华中枸子长有互生叶序，叶片着生的位置有腋芽。

圆叶过路黄、葡匐大戟、鼠李等植物的叶片在茎上排成两列，称为二列对生叶序。

女贞

留兰香

女贞、留兰香等植物的茎上，相邻节上的两对叶片交叉成十字，称为交互对生叶序。

复叶的小叶柄上没有腋芽，这一点可作为分辨叶序和复叶的依据。

枸杞的节间极度短缩，叶片就像从同一位置成簇长出，称为簇生叶序。

植物的光合作用

美国科学家卡尔文在叶绿体中找出植物将二氧化碳转化成碳水化合物的途径，因此获得诺贝尔化学奖。

植物不能到处捕食，但仍然生机勃勃，因为它们的体内有神奇的"能量工厂"。在植物的叶片中，有个称为叶绿体的特殊"设备"，它不用电、不用煤，只用最清洁的"太阳能"，就能生产出植物所需的营养成分，这一过程称为光合作用。植物的光合作用是地球碳氧循环中最为重要的一环，对生物圈内几乎所有的生物来说，光合作用都是其赖以生存的关键。

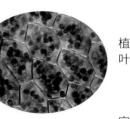

$$CO_2 + H_2O \xrightarrow[\text{叶绿体}]{\text{光}} (CH_2O) + O_2$$

光合作用的总反应式

光合作用

光合作用是指植物吸收光能，将二氧化碳和水转化为有机物质并释放氧气的过程。植物进行光合作用时，必须要有阳光、叶绿体、二氧化碳和水。光合作用中合成的有机物是植物赖以生存的主要能量来源。光合作用与植物的生长状态密切相关，植株发育初期光合效率较低，成长期效率较高，衰老时效率下降。

植物通过叶片中的叶绿体捕获太阳能

二氧化碳

空气中的二氧化碳通过叶片上的气孔进入植物体内

氧气

在阳光的作用下，植物体内的二氧化碳和水转化为营养物质，并在类囊体膜上生成氧气。

叶绿素

叶绿素"藏"在微小的叶绿体中，是光合作用过程中必不可少的色素，存在于几乎所有的植物和藻类体内。植物必须通过叶绿素接收光能，才能将光合作用顺利进行下去。叶绿素会选择性地吸收红光和蓝光，不吸收绿光，所以在可见光照射下呈绿色，大多数植物的叶片在人类肉眼看来也是绿色的。

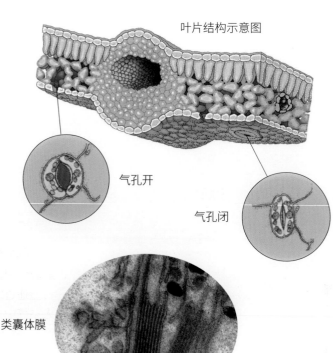

叶片结构示意图

气孔开

气孔闭

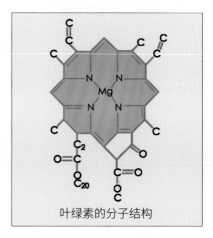

叶绿素的分子结构

类囊体膜

呼吸作用

呼吸作用是指植物分解有机物并释放能量的过程，与光合作用相互对立、相互依存，可大致分为有氧呼吸和无氧呼吸两种类型。大多数植物主要进行有氧呼吸，其细胞利用氧分子将有机物彻底氧化分解，形成二氧化碳和水，同时释放能量。在缺氧时，植物也会被迫进行无氧呼吸，将有机物分解为不彻底的氧化产物，如乙醇等。长期无氧呼吸会导致植物受伤甚至死亡。

植物通过光合作用，将原来没有氧气的地球表面逐步转变成有氧环境，并长期有效地补充了人类及其他动物对氧气的消耗，保持了地球的碳氧平衡。

光合作用的力量

光合作用对自然界生态平衡具有重要意义。光合作用合成的有机物，不仅可满足植物生长发育的需要，也为人类和其他动物提供了食物来源。光合作用在合成有机物的同时，还将光能转化为化学能，贮藏在所形成的有机物中。据估算，植物每年通过光合作用所转化的太阳能，约为全人类所需能量的 10 倍。

地层中埋藏的煤炭、石油和天然气，是由古代植物光合作用形成的有机物转变而成的。

光合作用产生的能量通过食物链供给人类等生物使用

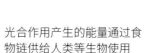

韧皮部

根吸收的水和无机盐，通过茎的韧皮部输送到植株的各个部位。

蒸腾作用

植物体内的水分以气体状态不断散发到体外的过程称为蒸腾作用。植物体内的水分主要是根部从土壤中吸收来的，能通过维管组织输送到茎和叶中，再由叶片表面蒸腾进入空气中。蒸腾作用使水分和无机盐从土壤进入植物体内，这是植物得以生长发育的关键。

花

花是被子植物的生殖器官，被子植物的"胎儿"——种子，就是由花朵孕育而成的。在漫长的演化过程中，植物的花有了迷人的形状、绚丽的色彩和醉人的芬芳，保证了花粉的传送和植物的繁育。认识花的形态结构是了解一朵花的基础，也是鉴别物种的重要途径。

花的结构

一朵结构完整的花，由花柄、花托、花萼、花冠、雄蕊和雌蕊构成，这样的花称为完全花，而缺少某一部分的花称为不完全花。花柄支撑着花朵，形状结构与茎相似。花托是花柄顶端膨大的部分，是花萼、花冠、雄蕊和雌蕊着生的部位。花萼是花朵最外层着生的一轮变态叶，通常呈绿色，有保护花蕾、幼果和进行光合作用的功能。花冠位于花萼内侧，由若干花瓣组成。花冠内的雄蕊和雌蕊则是最主要的生殖器官。有些植物的花萼与花瓣十分相似，难以分辨，可合称为花被片。

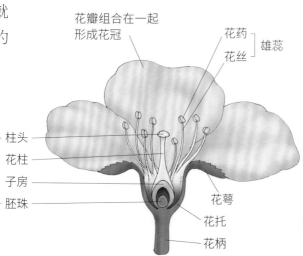

花的结构示意图

西番莲的花是完全花，颜色艳丽，结构复杂，花期 5～7 月。

子房

柱头

花药

副花冠

西番莲有 5 枚花瓣和 5 枚形似花瓣的萼片

花冠

花冠位于花萼内侧，由若干花瓣组成，是花中最显著的部分。花瓣的形状、数量、颜色和组合方式等特征决定了花冠丰富多彩的形态。常见的花冠形状有蝶状、舌状、唇状、坛状、钟状等。花冠越是醒目，往往就会对传粉动物产生更大的吸引力，繁殖的成功率就越高。

漏斗状　　钟状　　高脚碟状　　唇状　　舌状

坛状　　辐状　　蝶状

形形色色的花冠

花的"性别"

有些植物的花是"雌雄同体"的两性花，也就是一朵花上既有雄蕊，也有雌蕊，例如桃花、牵牛花。有些植物的花则只有雄蕊或雌蕊，称为单性花，例如南瓜的花。雄蕊由花丝和花药组成，花药成熟后会形成产生花粉粒的花粉囊。雌蕊由柱头、花柱和子房组成，是产生卵细胞的重要器官。

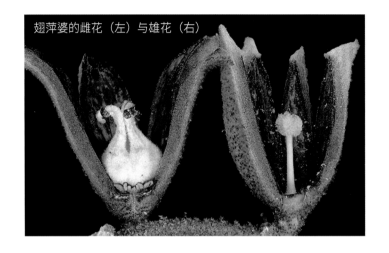

翅萍婆的雌花（左）与雄花（右）

花期

花期指一株植物从第一朵花开放到最后一朵花开毕所经历的时间，或一朵花自开放至开毕的时间。不同植物的花期长短不尽相同，从数天至数月不等。不同植物的开花习性也不同，一般一年生、二年生植物一生中只开花一次，多年生植物在达到开花年龄后，每年都能开花，并可延续多年。很多热带植物的花甚至可以终年不败。人类可用温室栽培、使用植物激素等方式调节植物花期，延长花朵的"青春"。

被子植物的演化

花朵的构造、形态和复杂程度随自然环境的变化而变化，是人们研究被子植物演化的重要依据。较早演化出的已知被子植物包括无油樟目、睡莲目和木兰藤目植物，它们的花普遍结构简单，花瓣与萼片难以明显区分。木兰科植物也是较早出现的一类植物，花冠较大，雄蕊和雌蕊都较多，形态稍显复杂。之后出现的被子植物有了更为复杂的结构，如吸引传粉昆虫的花距。

无油樟是无油樟目中仅存的一种植物，长有很小的单性花。

昙花一般于夜间开放，从开花到枯萎的过程仅有4小时左右，所以人们用成语"昙花一现"形容美好事物出现的时间很短。

天目玉兰是木兰科乔木，其花冠直径约6厘米，每朵花上有9枚花被片，雄蕊长9～10毫米，雌蕊群呈圆柱形，长约2厘米。

花粉与繁育

植物开花后，花药开裂，成熟的花粉粒从花粉囊散发出来，以不同的方式传送到雌蕊的柱头上，这个过程称为传粉，这是植物有性繁殖的重要环节。植物会借助风、水、动物等力量来实现传粉。人类种植农作物时，还会人工辅助授粉，以提高植物的繁殖成功率。

用显微镜可清楚看到花药上密集的花粉

被子植物的传粉过程示意图

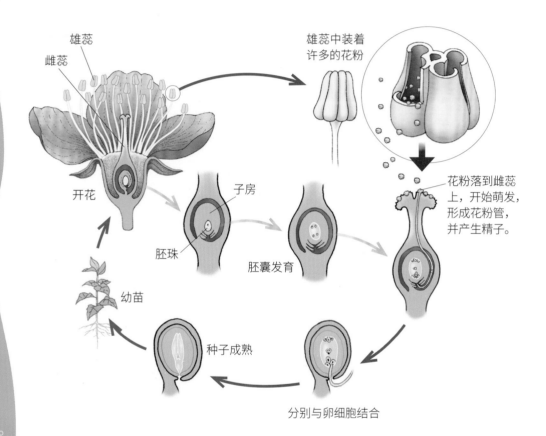

雄蕊

雌蕊

开花

子房

胚珠

胚囊发育

幼苗

种子成熟

分别与卵细胞结合

雄蕊中装着许多的花粉

花粉落到雌蕊上，开始萌发，形成花粉管，并产生精子。

花粉

花粉是存在于雄蕊之中的生殖细胞，其中包含遗传信息和孕育新生命的营养。大多数花粉成熟时，会形成分散的单粒花粉，花粉粒多呈球形，最大直径约50微米。不同植物的花粉形态各异，因此可作为古代气候研究、矿产勘探、刑侦破案等活动的重要参考。考古学家曾在江西万年仙人洞遗址最底下的土层里发现微量的水稻花粉，借此推断中国古人早在1.2万年前就开始种植水稻。

花粉粒的形状各不相同，表面光滑或具有颗粒状、瘤状、刺状等不同纹饰。

自花传粉

小麦、棉花等植物的传粉方式是自花传粉，即成熟的花粉粒会传到同一朵花的雌蕊柱头上。这类植物的花是两性花，花较小，没有吸引传粉动物的花蜜或花香，雌蕊和雄蕊同时成熟。与异花传粉植物相比，自花传粉的植物遗传差异性小，对环境的适应性较差。大多数的被子植物选择异花传粉，避免"近亲结婚"对后代的不利影响。

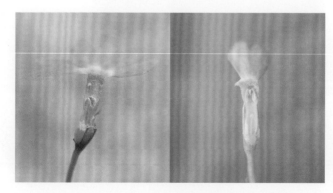

粉报春的花柱有长、短两种形态，能避免自花传粉。花柱明显短于雄蕊的花主要承担散播花粉的任务。

风媒传粉

　　风媒植物依靠风来传送花粉。这类植物的花一般不太鲜艳，也没有香味，花丝细长，易因风吹而摇动，花粉多，花粉粒小而轻。风媒植物的柱头也比较大，有的还会扩展为羽毛状，利于接受花粉。风媒植物约占有花植物总数的 20%，杨树、桦树、玉米、水稻等都是风媒植物。导致人类花粉过敏的主要是风媒植物的花粉。

豚草是风媒植物，是北美洲常见的路边野草，花期 8～9 月，很容易使人花粉过敏。

水媒传粉

　　以水流为传粉媒介的植物称为水媒植物。水媒植物的花药通常会退化，没有外壁，直接粘在花丝的顶端，以便与雌花的柱头接触。苦草、金鱼藻、黑藻等水生植物都是水媒植物，只占有花植物的一小部分。

苦草雌雄异株，雄花成熟后从花序轴上脱落，上浮至水面，暴露出一团团花粉。花粉随水流经过雌株时，会立即粘在柱头上，实现传粉。

动物传粉

　　自然界中约 80% 的有花植物靠动物来传送花粉。这类植物的花冠和花萼都比较大，颜色较鲜艳，有香味或特殊气味，有些植物还有能产生花蜜的蜜腺。它们的花粉粒往往大而粗糙，有的还结合成有黏性的花粉块。昆虫是主要的传粉动物，包括蜜蜂、蝴蝶、甲虫、蛾、苍蝇等。蜂鸟、蜜雀、蝙蝠等体形较小的动物也是重要的传粉动物，它们多长有较长的喙或舌头，以吸食花蜜。

蝴蝶长有细长的口器，能伸入花冠深处，获得香甜的花蜜。

一些生活在热带、亚热带地区的蝙蝠以花粉和花蜜为食，能帮助植物传粉。

蜜蜂采集花蜜时，身上会沾上花粉，随着蜜蜂的活动，花粉可以被传送到其他花上。

排列花朵的"几何大师"

　　在自然界中，有些花喜欢"一枝独秀"，单独着生于枝条顶端或叶腋部位，如莲、牡丹等，称为单生花。它们的花冠一般比较大，足以吸引传粉动物的目光。而那些花冠较小的植物，则聪明地运用几何规律，让不起眼的小小花朵排列成夺目的存在，以获得吸引传粉动物的注意，完成花朵的繁衍使命。花序指花朵在花序轴上的排列方式和开放次序，可大致分为有限花序和无限花序两种类型。认识不同的花序，可以帮助我们快速认清植物的形态。

有限花序

　　自然界中的某些植物，当花序轴顶端或中心的第一朵花先开放后，它们的主花序轴就停止了生长，其余的花在分叉的侧轴上开始"接力"：第二朵花会在第一朵花下方的分枝上绽放，其余的花则继续从更低的位置生长出来。这种花序称为有限花序，花序的形成是一个分叉、再分叉的过程。聚伞花序是最常见的有限花序。

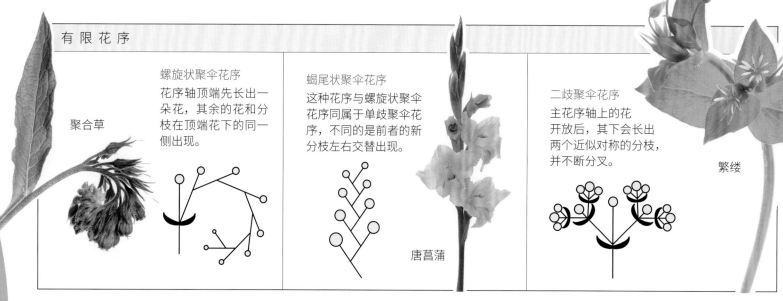

有 限 花 序

聚合草

螺旋状聚伞花序
花序轴顶端先长出一朵花，其余的花和分枝在顶端花下的同一侧出现。

蝎尾状聚伞花序
这种花序与螺旋状聚伞花序同属于单歧聚伞花序，不同的是前者的新分枝左右交替出现。

唐菖蒲

二歧聚伞花序
主花序轴上的花开放后，其下会长出两个近似对称的分枝，并不断分叉。

繁缕

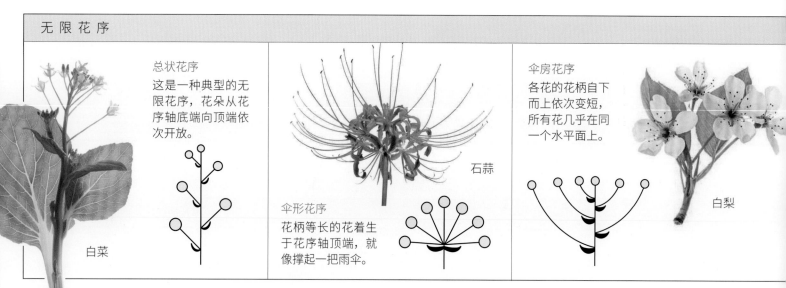

无 限 花 序

总状花序
这是一种典型的无限花序，花朵从花序轴底端向顶端依次开放。

白菜

伞形花序
花柄等长的花着生于花序轴顶端，就像撑起一把雨伞。

石蒜

伞房花序
各花的花柄自下而上依次变短，所有花几乎在同一个水平面上。

白梨

植物的器官

头状花序

雏菊、蒲公英、非洲菊等菊科植物的花就像一张圆圆的脸庞，看似是一朵单生花，实际上是由无数朵小花聚集而成的。它们的花托通常为圆盘形或球形，无花柄的管状花在花托表面沿螺旋线紧密排列。这样的花序被形象地称为头状花序，是一种特殊的无限花序。

向日葵的每个头状花序上有 1000～1500 朵管状花，它们沿着两组不同方向的螺旋线排列，这两组螺旋线的数量总是斐波那契数列中相邻的两个数字。

向日葵头状花序纵截面示意图

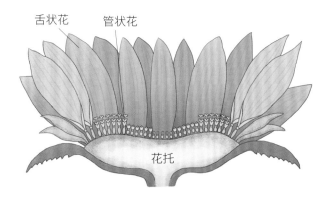

舌状花　管状花

花托

无限花序

有些植物开花时，花序轴下部或外围的花先开，之后主花序轴继续伸长，花朵也随之在更高的地方绽放，这样的花序称为无限花序。如果将开放时间视为花的"出生日"，那么无限花序中最"年轻"的花总是位于花序最顶端的那朵。根据形态的不同，无限花序可进一步分为总状花序、伞形花序、伞房花序和柔荑花序等类型。

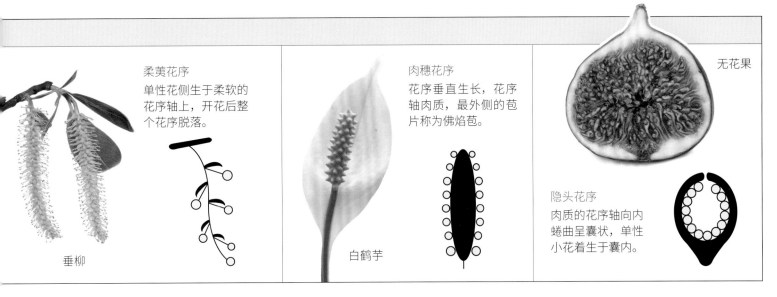

柔荑花序
单性花侧生于柔软的花序轴上，开花后整个花序脱落。

垂柳

肉穗花序
花序垂直生长，花序轴肉质，最外侧的苞片称为佛焰苞。

白鹤芋

无花果

隐头花序
肉质的花序轴向内蜷曲呈囊状，单性小花着生于囊内。

果实

苹果的果实是由子房和花托共同发育而成的假果

果实是植物演化到一定阶段才出现的繁殖器官，能保护植物的种子，从而使种群得以繁衍。被子植物传粉受精后，花萼、花瓣和雄蕊渐渐枯萎脱落，在雌蕊底部的子房中，受精卵开始发育生长，子房壁逐渐形成果皮，子房壁中的胚珠则发育成种子，直到长成完整的果实。还有一些植物能不经传粉受精而结出果实，这样的果实没有种子或种子不育，如无核柑橘、香蕉等。

真果与假果

根据果实的发育来源，可以将果实大致分为真果和假果两类。单纯由子房发育而成的果实称为真果，如桃、大豆等植物的果实。由子房和花的其他部分共同发育而成的果实称为假果，最常见的假果是子房和花被或花托一起形成的果实，如苹果、梨、向日葵等植物的果实。

苹果花成功授粉后，花瓣渐渐凋零。

子房明显膨大，与花托一起形成果实。

果实越来越重，子房因此下垂。

秋季时，苹果的果实完全成熟。

果实的结构

一般来说，真果的结构比较简单，外为果皮，内含种子。果皮可进一步分为外果皮、中果皮和内果皮三层。外果皮一般较薄。中果皮最厚，也常被称为果肉。不同植物的内果皮有不同的结构变化，有的革质化形成薄膜，有的木质化形成果核，有的发育成囊状。有些果实的三层果皮界线分明，如桃、杏、樱桃等植物的果实。还有一些果实的三层果皮都长在一起，比较难以区分，如花生、豆类等植物的果实。

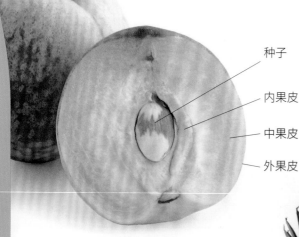

种子
内果皮
中果皮
外果皮

桃的果实是由子房发育而成的真果

凤梨的果实是聚花果

聚合果与聚花果

根据果实的形态结构，果实可被分为单果、聚合果和聚花果。大多数果实是单果，由单雌蕊或合生心皮的雌蕊形成。当一朵花中有许多离生雌蕊聚生在花托上，之后每一雌蕊形成一个小果，许多小果聚生在花托上，就形成聚合果，如草莓、番荔枝等植物的果实。还有些果实是由整个花序发育而成的，称为聚花果，如凤梨、无花果等植物的果实。

肉果与干果

　　根据果皮的性质，植物的果实可大致分为肉果和干果两类。果实成熟时肉质化、肥厚多汁且不开裂的称为肉果，干燥无汁的称为干果。肉果可进一步分为核果、浆果、瓠果、柑果和梨果。干果可进一步分为多种类型，其中果实成熟时开裂的称为裂果，主要包括荚果、蓇葖果、蒴果和角果；另一些干果的果皮成熟时不开裂，称为闭果，包括瘦果、翅果、颖果、坚果和双悬果等。

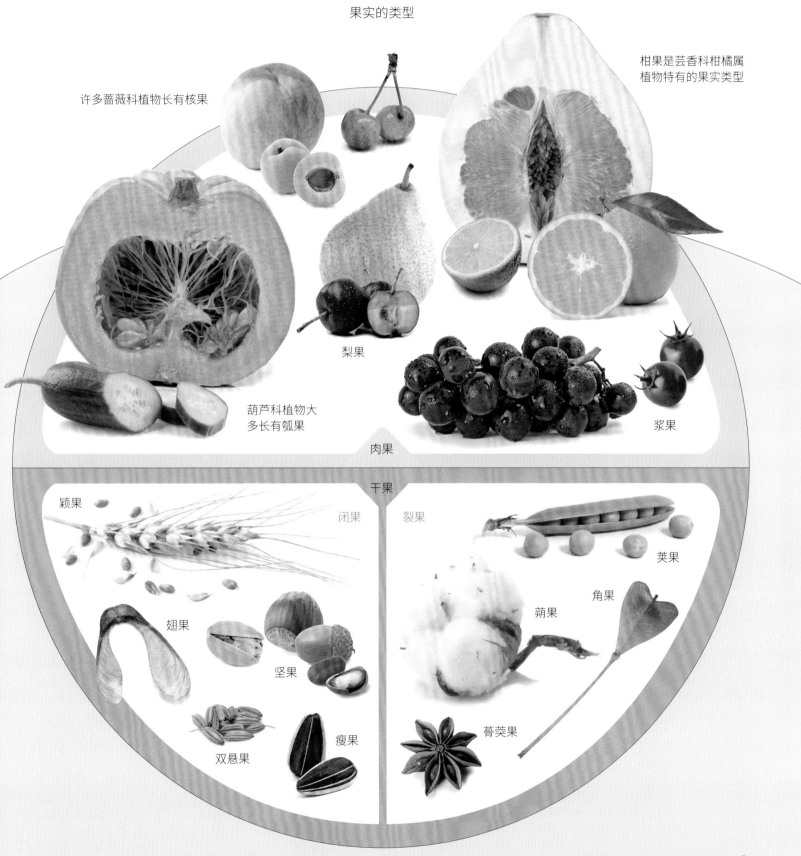

果实的类型

许多蔷薇科植物长有核果

柑果是芸香科柑橘属植物特有的果实类型

梨果

葫芦科植物大多长有瓠果

浆果

肉果

干果

颖果

闭果

翅果

坚果

双悬果

瘦果

裂果

荚果

角果

蒴果

蓇葖果

种子

种子是裸子植物和被子植物特有的繁殖器官，由胚珠发育而成，一般由种皮、胚和胚乳组成。胚是新植物的幼体，也是种子的主要部分，种子的形成使胚得到了母体的保护，并像哺乳动物的胎儿那样得到充足的养料。为了延续种群，不同植物的种子演化出适应生存环境的多种结构。

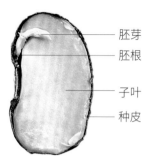

菜豆种子的剖面

胚芽
胚根
子叶
种皮

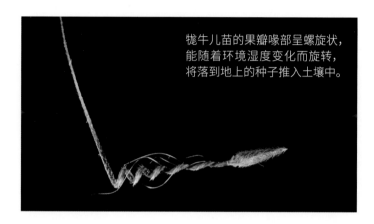

牻牛儿苗的果瓣喙部呈螺旋状，能随着环境湿度变化而旋转，将落到地上的种子推入土壤中。

番茄、黄瓜等植物的种皮表皮细胞呈透明的胶状，既能保持种子湿润，还能抑制过早发芽。

种子的萌发

成熟的种子是有生命的，在适宜条件下，它们会长成幼苗，成为新一代的植物个体。萌发过程中，胚的各个部分会形成植物的不同器官，如胚根形成主根，胚芽发育成新植株的茎和真叶，胚轴伸长将胚芽或连同子叶推出土面，最后长成具有根、茎、叶的完整幼苗。充足的水分、适宜的温度、充分的氧气，这三个外界条件是种子萌发的基本保证，缺一不可。

在适宜的条件下，大豆的种子会成功萌发，新芽破土而出，以获取更加充足的阳光和空气。

种子的形态

种子的大小、形状、颜色因物种不同而异。椰子的种子很大，直径可达 20 厘米；油菜、芝麻的种子则较小，只有几毫米大。蚕豆、菜豆的种子呈肾形，豌豆、龙眼的种子呈圆球形，花生的种子呈椭圆形，瓜类的种子则多呈扁圆形。大多数种子的颜色为褐色或黑色，豆类种子有黑、红、绿、黄、白等颜色。有的种子表面光滑发亮，有的种子则暗淡粗糙。有的种子上还有翅、冠毛、刺、毛等附属物，有助于种子的传播。

金盏花的瘦果弯曲，内含一粒种子。

蓖麻种子含剧毒，儿童误食 2 ～ 7 粒就会死亡。

相思子的种子呈椭圆形，表面平滑具光泽，鲜红夺目。

肉豆蔻的种子外有鲜艳的假种皮

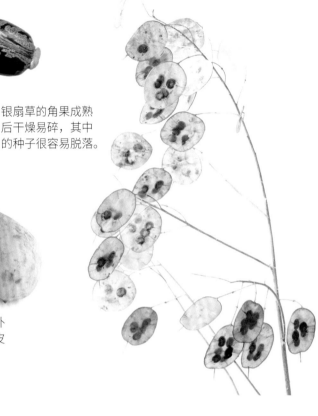

银扇草的角果成熟后干燥易碎，其中的种子很容易脱落。

马利筋属植物的种子上有白色的绢质种毛

种子的寿命

成熟的种子在离开母体之后仍是有生命的，不同植物的种子寿命差异很大，例如巴西橡胶的种子寿命仅 1 周左右，而莲的种子寿命可长达千年。在低温、低湿、黑暗以及含氧量较低的环境中，种子的寿命能得以延长。小麦种子在常温条件下能贮存 2 ～ 3 年，在温度－10℃、相对湿度 30%、种子含水量 4% ～ 7% 的条件下，则可贮存 35 年之久。

种质资源库

斯瓦尔巴全球种子库

种质资源库俗称种子库，是人们用来贮存植物种子的建筑物，可在一定时期内保持种子的生命力。斯瓦尔巴全球种子库坐落于北极永久冻土深处，其中存放着 100 多万份种子，包括豆类、小麦、稻等重要农作物的种子。当自然灾害、疫病、战争，甚至"世界末日"到来时，这座种子库的存在能避免重要农作物灭绝。中国西南野生生物种质资源库位于云南省昆明市，已保存 1 万多种野生植物的种子，其中包括许多濒危植物和中国特有物种的种子。

依靠鸟类传播种子的植物，其果实普遍小巧而鲜艳，味道酸涩。依靠哺乳动物传播种子的植物，其果实则大多芳香而甜美。

种子的传播

在果实的保护和帮助下，植物的种子可以通过多种方式脱离母体，散布到其他地方，并在适宜的环境下发育成新个体，完成生命的繁衍，使种群得以延续。植物在长期的自然选择过程中，形成了多种多样的种子传播方式，如依靠风力、水力、动物等。有些植物还能通过自身的力量，将种子弹射出去。

动物传播种子

动物是植物传播种子的重要"助手"。有些植物的果实味美多汁，可吸引动物采食，而种子不容易被消化，经动物粪便排出后仍可萌发。还有些植物的果实或种子表面具有钩刺，可附着于动物的皮毛、羽毛及人的衣服上，被带到别处，如苍耳、土牛膝等。还有些植物的种子或果实中具有大量油脂或淀粉，常常被动物采集收藏，种子也能得以传播。除了这些不经意的传播方式以外，交通运输、引种驯化等人类活动能把植物种子送往自然传播达不到的地方。

鬼针草的种子上有刺，可附着在动物皮毛上。

白屈菜的种子上有油脂，能吸引蚂蚁采食、搬运。

动物粪便中常有未被消化破坏的种子，蜣螂滚动、掩埋粪球的行为能将种子传播到更远的地方。

蒲公英的瘦果上有长约
6毫米的白色冠毛

龙脑香科植物的果实表
面有翅，便于随风传播。

槭树的翅果可依靠
风力传播

风力传播种子

　　借助风力传播的种子一般小而轻，如列当科、兰科等植物的种子重量
仅有0.003毫克，种子中的胚和胚乳不发达，储藏物很少。有些种子表面有翅、
毛等附属物，能够轻而易举地随风飘动，如苦荬菜、蒲公英等植物的瘦果
上长有羽状的冠毛。槭树、白蜡树、榆树等植物的果实上则有轻薄的翅，
能像滑翔机一样轻快地飘向远方。

飞燕草的蓇葖果成熟后开
裂，会掉落出大量种子。

喷瓜的果实成熟后，果内的压力
很大，只要被轻轻触碰，就会爆
炸式地喷出汁液和种子。

自力传播种子

　　有些植物不依靠其他力量，自己就能将种子传播出去，它们的果实在成熟过程中，各
层果皮干燥时收缩不均，其间张力达到一定程度后，果实会突然裂开，把种子弹射到四周。
如豌豆、黄豆、绿豆等豆科植物，其果实成熟时果荚会沿缝线裂开，使种子散落出去。又
如牻牛儿苗科老鹳草属植物，其果实成熟后果皮十分干燥，由基部向上卷曲而开裂，种子
便能自己散落出去。

飞燕草的种子表面有许多棱，更容
易附着在动物身上或土壤表面。

水力传播种子

　　江、河、湖、海湾中的水流是植物传播种子的重要方式之一。借
助水力传播种子的植物，其果实大多较轻，并具有适宜漂浮的结构，
如莲的果实成熟后落在水面上，可随水流漂到很远的地方，待果实的
海绵组织腐败后，种子脱落，便可沉入水中，长成新植株。又如椰子
的果实表面光滑，并具蜡质或纤维，可以在海水中漂流很久而不损坏。

椰子的果实呈球形，果腔含有丰
富的胚乳，因此即使在海上漂流
很久，种子依然保有生命力。

植物色素

　　植物的颜色可谓是五彩斑斓，绚丽多彩。西蓝花的翠绿色、茄子的紫色、胡萝卜的橙黄色、辣椒的红色……植物体内的天然色素使它们呈现出丰富多变的颜色。常见的植物色素有叶绿素、类胡萝卜素、花青素、甜菜素等，它们对植物的正常生长起着至关重要的作用，可被人体消化吸收，还可被提取出来应用于化学工业。

人吃下红龙果后排出的尿液会变为红色，因为果实中含有易溶于水的甜菜红素。

甜菜素

　　甜菜素主要分为甜菜红素和甜菜黄素两类，能使植物的根、茎、叶、花、果等器官呈现出紫红色或黄色。目前已知的甜菜素约有 55 种，多见于仙人掌科、商陆科、番杏科和马齿苋科等植物体内。

类胡萝卜素

　　类胡萝卜素主要见于植物、藻类和光合细菌中，能将光能传递给叶绿素，有助于光合作用的进行。目前已知的类胡萝卜素超过 600 种，其中常见的有橙色的胡萝卜素、黄色的叶黄素和红色的番茄红素等。许多植物以及一些鸟类、昆虫、甲壳动物呈现出的红、橙、黄等颜色，都源于体内的类胡萝卜素。动物体内不能直接合成类胡萝卜素，只能通过食物摄取，胡萝卜素是人类获取维生素 A 的重要来源，叶黄素则可以保护人的视力。

旱金莲属植物主要分布于南美洲，是叶黄素含量最多的植物之一。

金叶榆橘

有些植物的叶片中叶绿素含量常年较低，因类胡萝卜素更多而呈现为偏黄的颜色。

榆橘

不同的色素含量使植物呈现出纷繁多变的色彩

花青素

　　花青素又称花色素，是一种水溶性植物色素，存在于植物液泡内的细胞液中，是一种天然的抗氧化剂。花青素会随环境的酸碱值变化而变色，使植物的颜色也发生变化。有些植物在生长叶片时会合成花青素，使嫩叶呈现为紫红色，这样的叶片往往味道苦涩，营养较少，不易被动物采食。目前已知的花青素有 300 多种，包括天竺葵色素、矢车菊色素、飞燕草色素和牵牛花色素等。

紫甘蓝、葡萄等植物中的花青素含量很高

显微镜下被花青素"染色"的植物细胞

绣球在酸性土壤中花色偏蓝，在碱性土壤中花色偏粉，这是由花青素的特性造成的。

植物变色的奥秘

　　植物的颜色不是一成不变的，生长环境的变化会影响色素的合成，使植物变色。例如叶绿素的代谢随温度、水分、光照和营养等环境变化而变化，深秋时节气温降低，植物体内叶绿素的降解多于合成，原来被大量叶绿素掩盖的类胡萝卜素、花青素等显现出来，使叶片由绿色转变为黄色或红色。有些植物学家认为，树叶变色是对昆虫的警示，鲜艳的色彩可展示出植物强大的防御力。

自然DIY

变色的花茶

　　蝶豆的花中含有花青素，可溶于水中，沏成宝蓝色的花草茶。如果将柠檬汁或白醋加入其中，花草茶的酸性增强，颜色会逐渐由蓝变紫。试试将其他液体加到蝶豆花茶中，你能发现更多有趣的变色现象。

随气温降低而慢慢转红的枫香叶片

正常光线下生长的韭菜叶片翠绿，富含叶绿素。

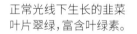

多数植物在黑暗的环境中无法合成叶绿素，会呈现出类胡萝卜素的黄色，例如韭菜在黑暗环境中长出的叶片是黄色的。

植物科学绘画

植物的器官形态各不相同，是人们认识、分辨不同物种的重要参照。在植物学术语还不完善的时候，描摹植物形态的绘画是认识、鉴定植物的重要途径。植物科学绘画用艺术语言直观地表现植物形态，同时注重准确性和科学性，生动形象地展示科学发现，传播科学知识，为科学研究保留了重要的图像资料。植物绘画家手绘自然，心绘万物，细致地描摹不同植物，力求再现植物一生中不同阶段的姿态。

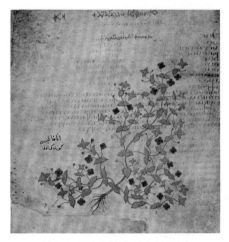

世界上最早的植物科学绘画诞生于公元 6 世纪的东罗马帝国

《本草图经》

《本草图经》又称《图经本草》，于北宋嘉祐年间由苏颂主持编撰而成。全书载有常用单方千余首，书中包含 900 多幅药物插图，并加以文字说明，准确地记载了多种药用植物的分布、形态、性质、用途、采集季节、鉴别方法、配伍及禁忌等，图文并茂，使用起来准确而方便。

《本草图经》是中国现存最早的版刻本草图谱

雷杜德

皮埃尔·约瑟夫·雷杜德出生于比利时，是著名的画家、植物学家，以玫瑰、百合等题材的科学绘画闻名于世，被誉为"花之拉斐尔"。雷杜德生活于 18 世纪，那时的法国巴黎有"花都"之称，皇室贵族以赏花为乐。雷杜德为贵族花园中的植物作画，毕生创作植物画达 2100 多幅，涵盖 1800 多个不同的品种，真实地反映了当时的园艺水平。

雷杜德绘制了大量"玫瑰"水彩画，再现了当时培育出的法国蔷薇。

海克尔

恩斯特·海克尔是德国博物学家、艺术家，他将达尔文的演化论引入德国，并在此基础上继续完善理论。他于 1866 年编写的《形态学大纲》是世界上第一部有关演化论的教科书。海克尔的绘画不局限于某一类植物，而是试图从不同种类的植物中探寻相似的规律，以印证达尔文的理论。

《自然界的艺术形态》是海克尔所著的科学绘画图鉴，其中上百幅生物插画展现了自然界的秩序与对称之美。

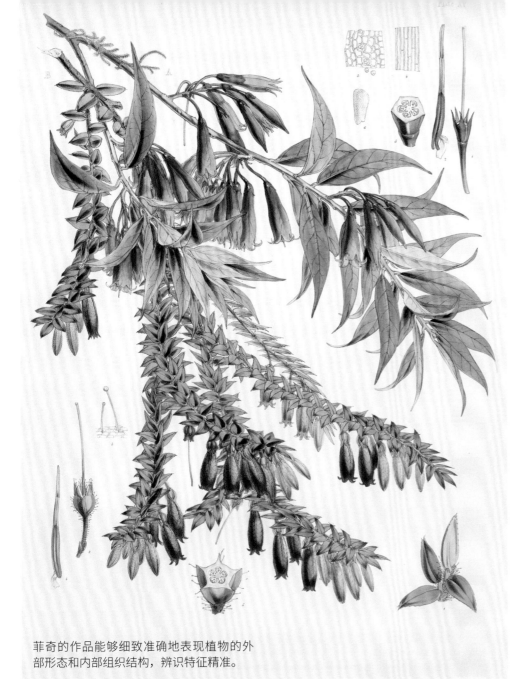

《柯蒂斯植物学杂志》是享誉世界的植物学杂志，其中介绍的每种植物都配有插图，菲奇为这本杂志绘制了 2700 多幅插图。

菲奇

沃尔特·胡德·菲奇是英国著名植物科学画家，曾供职于邱园。他生活于 19 世纪，那时英国已基本完成工业革命，贸易发达，畅通的航线将全球各地的新奇物种送至英国，邱园在这一时期收集了大量植物标本。菲奇的工作便是为这些标本作画，他一生中绘制了 1 万多幅植物科学画，画风严谨而精致。

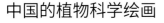

菲奇的作品能够细致准确地表现植物的外部形态和内部组织结构，辨识特征精准。

中国的植物科学绘画

植物自古以来就是中国画家钟爱的素材之一，但以科学研究为主要目的的植物科学绘画出现得较晚。在植物分类学传入中国后，教师冯澄如于 1922 年绘制了标准植物科学画插图，被视为真正意义上的中国植物科学绘画。1959～2004 年，中国编纂了《中国植物志》，曾孝濂等 160 多位插画师为其绘制科学绘画，记录祖国土地上生长的一草一木。2010 年后，随着博物学在中国的兴起，越来越多优秀的植物画家进入大众的视野，植物科学绘画已成为人们学习知识、亲近自然、陶冶情操的重要途径。

冯澄如被誉为"中国植物科学画的创始人"

冯澄如作品《蒟蒻》

曾孝濂是中国当代著名植物科学画家，已发表作品 2000 多幅，参与了《中国植物志》等重要图志的插画绘制。

热带雨林

雨林中的金嘴蝎尾蕉
吸引蜂鸟采集花蜜

在地球赤道附近，全年炎热潮湿、降水充沛的地区，会形成茂密而常绿的森林——热带雨林。雨林具有复杂的垂直层次，包括高大乔木层、乔木层、亚乔木及灌木层、草本及地表层等层次，形态各异的动物和植物生活其间。这里是一片人迹罕至的秘境，也是独一无二的生物多样性宝库。但生活在附近的人们普遍面临贫穷的困境，不得不砍伐树木、焚烧雨林，以开发更多耕地。据估算，仅在2020年4月，亚马孙雨林中就有529平方千米树木遭到砍伐。拯救雨林迫在眉睫，需要世界各国共同努力。

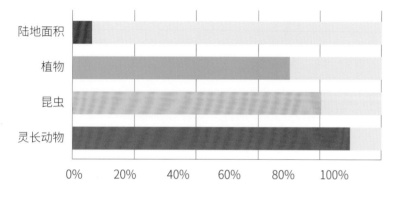

- ■ 热带雨林占地面积约占全球陆地总面积的 6%
- ■ 雨林中已知的植物种类约占全球植物种类的 70%
- ■ 全球约 80% 的昆虫种类来自雨林
- ■ 雨林中的灵长动物种类约占全球灵长动物种类的 90%

热带雨林的地理分布

　　热带雨林主要分布于南美洲亚马孙河谷盆地、非洲刚果盆地、亚洲马来半岛、澳大利亚东北部及太平洋群岛。其中亚马孙雨林面积 600 万平方千米以上，是全球最大、物种最丰富的热带雨林，被誉为"地球之肺"。中国的热带雨林主要分布在台湾南部、海南、广西、云南、西藏东南部等地。

亚马孙河全长约 6400 千米，流域被茂密的雨林覆盖。

高大乔木层

　　高大乔木层是热带雨林中最高的一层，其中的树木高 45 ~ 55 米，有些种类甚至可以长到 80 米以上，能够经受高温和强风的考验。鹰、猴子等动物生活在高大乔木层中，与高大树木共享此处充足的阳光。望天树是典型的高大乔木层植物，其树冠酷似一把巨大的伞。中国西双版纳雨林中，人们在望天树之间搭建了"空中走廊"，走在上面能俯瞰郁郁葱葱的雨林景观。

乔木层

　　乔木层是绝大部分乔木、附生植物、藤本植物所在的层次，物种多样性最高，其中的树木高 30 ~ 45 米。在乔木层中，茂密的树冠和多种多样的林间植物为许多动物提供了住所及食物。例如在南美洲北部和加勒比海部分地区的热带雨林中，生长着草本植物水塔花，其叶丛基部呈筒状，筒内贮水而不漏，常成为蚊子等昆虫的繁殖地。

亚乔木及灌木层

　　亚乔木及灌木层中的树木平均高 20 米左右，这一层中还有一些高 2 米左右的灌木和草本植物。由于乔木层的遮蔽，只有很少的阳光可以到达这里。昆虫和鸟类生活其间，可为蝎尾蕉等植物传粉。豹猫、懒猴等夜行捕食者也多在亚乔木及灌木层活动。

草本及地表层

　　草本及地表层是热带雨林中的最底层，只有适应低光环境的植物和真菌可以在此生存。地表覆盖着腐烂的枯枝落叶，小型爬行动物和昆虫会在这里搜寻食物。动物的尸骸和腐烂植物中的养分，最后都会渗入泥土里，成为雨林植物们生长所需的养料。

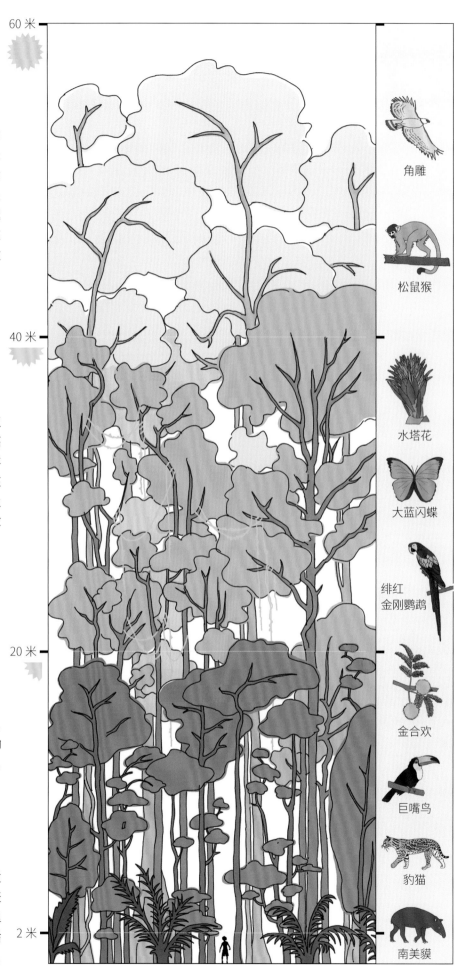

60 米

40 米

20 米

2 米

角雕

松鼠猴

水塔花

大蓝闪蝶

绯红
金刚鹦鹉

金合欢

巨嘴鸟

豹猫

南美貘

板根高度可达 10 多米，延伸 10 多米宽，形成巨大的侧翼。

雨林奇观

植物在长期的演化过程中，会根据所处的自然环境出现多种多样的适应性特点。热带气候条件特殊，雨林中物种丰富，生存竞争激烈。为了在这里存活下来，许多植物的根、茎、叶、花等器官都发生了异乎寻常的变化，形成了板根、老茎生花、空中花园等奇妙现象。

板根

热带雨林中有许多高大的乔木，它们的树冠很大。为了支撑树冠，同时便于根系的呼吸，有些树木就选择以根茎向四周延伸的方式来壮大自己，形成了雨林中非常壮观的板根现象。四数木是热带雨林中最典型的板根植物之一，它那又高又宽的根部就像一堵灰褐色的高墙。

老茎生花

在热带雨林中，中层和上层乔木一般高 30 多米，而大多数昆虫的活动范围在 10 米以下的林下层中。为了便于昆虫传粉，有些乔木上会出现老茎生花的现象，也就是它们的花朵没有开在枝条上，而是直接开在了较低矮处的树干上。热带雨林中的可可、波罗蜜、木奶果、火烧花等乔木上会出现这种现象。

树葡萄又称嘉宝果，果实着生于老茎上，每年可多次结果。

植物与生态

海芋叶片的长、宽都可达 1 米以上

海芋的肉穗花序芳香，但在密阴的林下很少开花，浆果呈红色。

雨林中的巨叶

　　雨林之中，植物生长极其茂盛，高大树木和藤本植物将天空遮得严严实实，阳光几乎无法透过来。于是，底层的许多植物长出巨大的叶子，以便争取必不可少的水分与阳光。雨林中典型的巨叶植物有芭蕉、海芋、箭根薯等。雨季到来时，当地人甚至可以直接站到海芋叶子下躲雨。

雨林中的空中花园

　　藤本植物和附生植物利用雨林中的高大乔木争夺生存空间，形成了独特的空中花园之景。藤本植物悬挂在树木之间，有的藤条粗 30 多厘米，长 300 多米，从树顶倒挂下来，交错缠绕。附生植物则寄居在树木枝干上，从积留在树皮或树杈间的泥土及落叶分解物中获取营养，借助附生体和湿润环境进行光合作用，长出艳丽的花朵。

高大乔木、藤本植物、蕨类和附生植物
组成了绚丽的空中花园

　　万代兰属植物是热带常见的附生兰花，其根茎粗壮，既能将自己固定在树木上，还能从空气中获得足够的水分和养分。

深裂树萝卜　　　　口红花　　　　　短轴坚唇兰

形态各异的附生植物

巢蕨附生在树干、藤本植物或石头上，叶片呈莲座状排列于茎顶端，外形很像鸟巢。

榕树

桑科榕属乔木可统称为榕树，其中包含榕树、大果榕、对叶榕、菩提树等1000多种植物，主要分布于热带、亚热带地区，尤以分布在热带雨林中的种类最为特别。为了适应雨林中特殊的自然环境，它们演化出滴水叶尖、气生根、板根等许多形态特征。为了在激烈的生存竞争中取胜，榕树还有绞杀其他植物的"残忍"本领，并与榕小蜂"合作"，共同达成繁衍后代的目的。

榕树种子可以通过鸟类吃果实、排便的行为传播到其他地方

气生根与独木成林

热带地区的榕树，枝干上往往生有许多随风飘荡的气生根。这些气生根的生命力十分顽强，一旦接触地面，便可形成支持根，迅速生长成新的树干，与主干共同支撑起榕树茂盛的树冠。榕树越大，这种枝干就越多，以至于逐渐形成面积很大的树荫，宛如一片许多树木组成的小树林。我们可以在中国西双版纳雨林中见到这种独木成林的壮丽景观。

榕树的气生根能起到辅助呼吸、获取水分的作用，扎入土壤后会形成支持根。

滴水叶尖

滴水叶尖是雨林树木的形态特征之一，以菩提树最为典型。菩提树的叶尖延伸成独特的长尾状，使叶片上积存的雨水汇聚到叶尖，快速排水，避免积水导致的真菌感染。

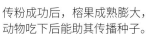

菩提树的叶片

雌蜂从榕果顶部钻进去产卵

雌蜂将卵产在榕果内部的花中

传粉成功后，榕果成熟膨大，动物吃下后能助其传播种子。

榕树与榕小蜂

榕树与榕小蜂是生物协同演化的典型案例，二者相互依赖，又各有牺牲。榕树的隐头花序分为两种，一种长有能产生种子的正常雌花，一种长有雄花和不育的雌花，即瘿花。雌性榕小蜂会钻入榕树花序中，将卵产到雌花里，但只有瘿花中的卵能成功发育成幼虫。幼虫长大后，在果实内完成交配，新生雌蜂要继续到其他榕果中产卵，钻出榕果时会沾上花粉。这时，如果雌蜂钻入有正常雌花的榕果，便成功帮助榕树完成了传粉。

植物的绞杀现象

在热带雨林中，有一些植物以"残忍"的绞杀手段应对激烈的生存竞争，其中以榕树最为典型。绞杀植物利用气生根附着在其他乔木上，沿着树木主干向上攀缘和向下延伸，渐渐交织成网，紧紧地包裹住树干。它们在地下与树木争夺水分和营养，同时也在地上与树木争夺生长空间和阳光，使树木失去输送营养和水分的能力，最终被绞杀致死。

榕树的气生根会渐渐包住树木，树木枯萎后，榕树中心会形成壮观的中空结构。

沙漠植物

水分是生物赖以生存的关键因素，因此在干旱缺水的茫茫沙漠中，只有生命力极其顽强、具有特殊生存本领的植物才能存活下来。有些植物具有肉质化的肥厚茎叶，能贮藏大量的水分和养料。还有些植物长着发达的根系，能为它们探寻珍贵的地下水源。这些植物为人烟稀少的大漠带来生机，也为人类提供了治理风沙的方法。

梭梭

梭梭是苋科梭梭属乔木，又称盐木、梭梭柴、查干等，在亚洲西部、中部和非洲北部等地的沙漠中都有分布。梭梭能够适应沙漠中恶劣的自然环境，它喜光照，耐高温及严寒，垂直根系可深达5米，在含盐量较高的土壤中也能生存。在中国西北部的沙漠地带，梭梭是用于固定流沙的重要造林植物。

芦荟分布于非洲热带干旱地区，叶片肥厚多汁，可以贮藏水分。

梭梭的嫩枝浓绿，光滑多汁，叶片退化为鳞片状。

肉苁蓉会寄生在梭梭、柽柳等沙漠植物的根部

新疆和田盛产大枣

人们坚持不懈地治理沙漠，开拓了适于生存的绿洲，让不毛之地变得生机勃勃。

沙漠绿洲

沙漠中有水源支撑、适于植物生长和人类居住的地方称为绿洲，一般呈带状分布在河流沿岸、井泉附近和山麓地带。绿洲日照强烈，昼夜温差大，利于作物中糖分的积累，可开发成农田或牧区。自然环境决定了绿洲的存在，但决定绿洲后续发展的是人类活动。中国西北部的绿洲开发历史悠久，新石器时期就有人类在那里居住。但随着人口的不断增多，有限的水资源与用水矛盾逐渐凸显，最终导致下游绿洲萎缩，乃至消亡。

新疆哈密盛产蜜瓜

植物与生态

巨人柱仙人掌的主干
高度可达 15 米，是世
界上最高大的仙人掌。

仙人掌

　　仙人掌科中的 140 属 2000 余种植物可统称为仙人掌，形态各异，其中包含
扁平似掌的仙人掌、细长如指的仙人指、圆球状的金琥等，大多分布于美洲热带、
亚热带干旱地区。仙人掌的根系分布广，有快速吸收水分的能力，肉质茎具有极
强的储水能力。

金琥

梨果仙人掌

巨人柱仙人
掌的花开在
茎的顶端

海枣

　　海枣是棕榈科海枣属乔木，又称椰枣、棕枣、伊拉
克蜜枣，最早出现于亚洲西部和非洲北部的沙漠绿洲中。
海枣是人类最早驯化的果树之一，其果实很久以来一直
是地中海、红海沙漠地带人们的主要食品，如今以埃及、
伊拉克、沙特阿拉伯和伊朗栽培最多。海枣花期 3 ～ 4 月，
果期 9 ～ 10 月，浆果呈长椭圆形，可鲜食或制作蜜饯。

海枣树高可达 30 米，叶片
为羽状复叶，长 1.5 米以上，
长在茎的顶部。

海枣果实

77

胡杨

胡杨的果实成熟后开裂，种子散落出来能随风或水流传播。

胡杨是杨柳科胡杨属乔木，树高可达15米，在普遍低矮的沙漠植物中，胡杨堪称"巨人"。胡杨具有适应沙漠环境的特殊本领，能在风沙中屹立不倒。但它也会因为极度缺水，最终和灿烂的古代文明一起渐渐消亡。胡杨主要分布于中国新疆地区，是荒漠地区特有的珍贵森林资源，能保持生态平衡、防风固沙、调节区域气候。

胡杨的顽强生命力

胡杨的生命力十分顽强，能适应长期干旱的环境。为了获取珍贵的地下水源，胡杨具有发达的根系，可深入地下20米处吸收水分。这样的根系还能让胡杨牢牢地扎根于沙漠之中。胡杨还具有很强的抗盐碱能力，能吸收土壤中的盐分，使体内细胞液的渗透压高于盐碱土壤溶液的渗透压，以保障植物正常的水分吸收，并减少水分蒸腾。

古老的胡杨

胡杨是世界上最古老的珍稀植物之一，大约在 6500 万年前，胡杨就在地中海沿岸出现了。传说胡杨能够千年不死、千年不倒、千年不朽，实际上它的寿命一般不超过 500 年。胡杨曾广泛分布于两河流域，它的树冠曾和古巴比伦、楼兰古国的文明一样繁盛。但由于气候变化和人类活动的影响，璀璨的古文明被黄沙掩埋，胡杨也因难耐极端干旱的环境而逐渐减少，只有少数树木仍孤独地伫立在沙漠之中。

胡杨的叶片

为了适应沙漠环境，胡杨叶形多变。新长出的嫩枝上，叶片细长如柳，面积较小，可以减少水分蒸发。随着树木逐渐长大，胡杨的根系会十分发达，吸收水分的能力逐渐增强，叶片也随之变得更大、更圆润，像偏圆形的杨树叶或枫叶一样。因为叶形多变，胡杨又称三叶树。

在人烟罕至的戈壁深处，枯死的胡杨意味着生存环境的严酷。

不同形状的胡杨叶片

大猴面包树的主干十分粗壮，树冠却不像常见的乔木那样茂密。

草原

　　草原上生长着草本植物、灌丛和稀疏的树木，可为家畜和野生动物提供生存的场所。草原作为地球的"皮肤"，能够防沙固土、涵养水源、净化空气、维护生物多样性。中国是世界上草原资源最丰富的国家之一，草原总面积超过400万平方千米，其中具有代表性的有呼伦贝尔草原、锡林郭勒草原、伊犁草原、毛垭草原、南山草原等。

猴面包树

　　猴面包树是锦葵科猴面包树属乔木，主要分布于非洲热带地区，生长在草原和森林中。它的树干极粗大，胸径可达 12 米，能够在雨季储存大量水分。旱季来临时，当地人和动物能取其茎内水分饮用。猴面包树属包含猴面包树、大猴面包树、澳洲猴面包树等约 10 种植物，分布于非洲大陆、马达加斯加和澳大利亚，是已知最长寿的被子植物之一。

猴面包树的花丝极多　　　　非洲人会将猴面包树的果实制成饮料

热带草原

热带草原大致分布于赤道两侧，主要在非洲、南美洲、大洋洲和亚洲的热带干旱地区。每年 5 ~ 10 月是热带草原的雨季，受季风影响，降水充沛；11 月~翌年 4 月是热带草原的旱季，受信风影响，干燥炎热。热带草原上的大部分植物是禾本科草本植物，只稀疏地分布着一些乔木。

非洲热带草原

蒲苇主要分布于南美洲潘帕斯草原

紫苜蓿

紫苜蓿是豆科苜蓿属草本植物，又称紫花苜蓿，最早出现于小亚细亚、伊朗一带。张骞出使西域时，将它引入中国，最初仅为御马饲料，之后从西安普及到黄河流域。紫苜蓿的环境适应性很强，在积雪覆盖下，即便处于 -40℃ 的低温中也不会被冻伤。紫苜蓿营养丰富，被誉为"牧草之王"。但紫苜蓿的茎叶中含皂素，牲畜食用过多会患上膨胀病。

紫苜蓿的叶片为羽状三出复叶

长有总状花序或头状花序

荚果呈螺旋状

狼毒

狼毒是瑞香科狼毒属草本植物，主要生长在海拔 2500 ~ 4000 米的向阳草坡或河滩。狼毒的汁液有毒，牲畜误食会出现呕吐、抽搐等病症，严重时还会丧命。狼毒根系发达，周围的其他草本植物很难与之抗争。狼毒的大面积出现有时是草场退化的标志，当过度放牧造成其他物种减少时，狼毒就会乘虚而入，大量生长。

狼毒的花呈白、黄、紫等颜色，气味芳香。

温带草原

温带草原分布于南纬或北纬 20° ~ 55°，绵延数千千米，是世界草原面积的最大组成部分，也是地球上主要的农业生态系统之一。生活在温带草原上的人们，会利用天然的牧草植物资源，饲养牛、羊等草食性牲畜，形成牧区。中国的牧区主要分布在西部，包括青海牧区、新疆牧区、内蒙古牧区和西藏牧区。

巴音布鲁克草原位于中国新疆维吾尔自治区，四周雪山环抱，地势平坦，水草丰盛，是新疆最重要的畜牧业基地之一。

山丹

地榆

二色补血草

飞花令

赋得古原草送别

[唐] 白居易

离离原上草，一岁一枯荣。

野火烧不尽，春风吹又生。

地球上的针叶林已经存在了上亿年

针叶林

在寒带和寒温带地区，夏季时间较短，多数阔叶树因温度过低无法生存。但是，长着强韧叶片的常绿针叶树能充分利用每一点阳光和养分，形成面积广大的针叶林。横跨欧亚大陆和北美大陆北部的北方针叶林是世界上最大的生物群区之一，也是全球最主要的木材生产基地之一。在南半球，巴西南部高原、智利、阿根廷、新西兰、澳大利亚东部等地还有由南洋杉、贝壳杉等植物组成的小片针叶林。

四季常青的针叶林

针叶林中的树木长期生活在寒冷环境中，大多拥有独特的御寒能力。冷杉、云杉等树木的叶片一般都缩小成针形或线形，叶片面积小，使得水分不易散失，还能抵御厚重的积雪。常绿针叶林中的树叶内含有松脂，其中的糖分和脂肪也是有效的"防冻液"。

针叶林的危机

北半球的针叶林约占全球森林面积的1/3以上，在北半球中高纬度地区形成了一条"绿色保护带"。完好无损的针叶林能储存大量的碳物质，从而抵御全球气温升高带来的不良后果。如今，在加拿大和俄罗斯等地，大量砍伐树木和不间断的土地开发使得针叶林大规模退化，部分地区的森林生态系统受到严重破坏，丧失了稳定气候的作用。

无节制地采伐针叶林资源会造成全球性的环境危机

落叶松属

松科落叶松属乔木分布于亚洲、欧洲和北美洲的温带高山与寒温带、寒带地区，其中包含落叶松、欧洲落叶松、日本落叶松等10多种植物，分布于中国的有兴安落叶松、长白落叶松、新疆落叶松等。和四季常青的树木不同，落叶松会脱落树叶度过寒冬。而当温暖的夏季来临时，落叶松会迅速地萌发新叶，在短暂的时间里吸收大量养分，迅速生长。

落叶松喜阳，组成的针叶林较为稀疏，林内较为明亮，称为"明亮针叶林"。

欧洲落叶松

云杉属

松科云杉属乔木主要分布于北半球，其中包含云杉、蓝粉云杉、白杆等30多种植物。中国有10多种云杉属植物，主要分布于东北、华北、西北、西南及台湾等地的高山地带，常组成大面积的云杉树林，或与其他针叶树、阔叶树混生。

蓝粉云杉

白杆

冷杉属

松科冷杉属乔木广泛分布于欧亚大陆、北美等地，其中包含冷杉、百山祖冷杉、朝鲜冷杉等50多种植物，中国约有23种。冷杉属乔木的树干端直，树冠呈塔形，木质轻软。主要由冷杉属乔木组成的针叶林称为"暗针叶林"，树木枝叶稠密，林中荫蔽潮湿。

百山祖冷杉

朝鲜冷杉

针叶林中生活着驯鹿、棕熊、狼獾、旅鼠等耐寒性较强的动物

北美红杉

北美红杉是柏科北美红杉属针叶乔木，又称长叶世界爷。它是世界上最高的树木之一，一般能长到60米以上。已知最高的北美红杉"亥伯龙神"树高已超过121米，胸径接近9米。北美红杉还是世界上最长寿的植物之一，目前已知最古老的北美红杉已将近2200岁。

一棵成熟的北美红杉每年能长出上颗球果，每颗球果中有上百粒种子，但只有极少数能成功发育成植株。

孤单的子遗植物

查阅北美红杉所在的分类层次，你会发现北美红杉所在的属只有这一种植物。大约在 6500 万年前的白垩纪末期，北美红杉属植物曾分布得相当广泛，亚洲和欧洲都有它的踪迹。后来由于气候的变化，它们的分布范围大为缩小，甚至濒临灭绝，只留下北美红杉一个物种。类似的植物还有水杉、银杏等，统称为子遗植物。

北美红杉的生长环境

北美红杉主要分布于美国加利福尼亚州海岸，所在环境年平均气温 10℃～17℃，湿润多雾。这就意味着，和寒温带的松柏不同，北美红杉不会面临严寒的考验。为了适应当地湿润的气候，北美红杉底部的叶片较舒展，多气孔，高处的叶片则多为针形，外层包裹着不透气的角质层，可以减少水分流失。

国礼之树

1972 年，中国和美国正式开始外交往来，时任美国总统尼克松访问中国。他精心挑选了一棵北美红杉，作为外交礼物送给中国，寓意中美友谊常青。这棵国礼之树被种植在杭州植物园中，如今我们在上海、杭州和南京等地看到的北美红杉，都是以这棵树为种源栽培而成的。

北美红杉林下生长着丰富的蕨类、酢浆草属、杜鹃花属和越橘属植物

北美红杉的树皮厚达 15～25 厘米，纵裂。枝条水平开展，较低矮处的叶片细长而扁平。

高山苔原

在山区树木分布线以上和两极附近，气候非常寒冷，堪称陆地上最为极端的环境之一。在这里，仍生长着低矮的灌木和草甸。为了适应严酷的环境，这里的植物通常具有庞大的地下器官，并为了保持温度和水分，出现各种特化现象，如紧密簇生的垫状植物、毛茸茸的棉毛植物、随太阳转动的太阳灶植物等，让人叹服大自然的鬼斧神工。

垫状植物

为适应严酷的高山环境，许多植物生得非常矮小，无数小枝紧密排列在一起，形成半球形的垫状体，就像在岩石上铺了一块植物组成的软垫，称为垫状植物。通过这种特殊结构，垫状植物增加了进行光合作用的面积，提升了获取热量的效率，使得植物内部的温度高于外界气温，可以有效防止枝干结冰。并且，垫状结构还能让植物更好地吸收和保持养分。点地梅、虎耳草、岩须等植物都能形成垫状结构。

主要由无茎蝇子草组成的垫状植物

仙女木

仙女木是蔷薇科仙女木属灌木，主要分布于海拔2500米左右的高山苔原带。仙女木的花瓣类似凸透镜，有聚光能力，可以将太阳辐射的热能集中在花瓣中部的繁殖器官上，花冠还会随着太阳的方向转动，被形象地称为太阳灶植物。地质学家曾在欧洲大陆的沉积层中发现仙女木花粉，以此推断地球上曾出现快速降温事件，进入一段持续1300年左右的冰期，使仙女木的生存范围向低纬度地区拓展。

仙女木的瘦果上残留着花柱，种子能随风飘扬。

为了适应恶劣的生存环境，仙女木长得十分矮小，株高3～6厘米。

高山上的棉毛植物

绵参、雪兔子等植物主要分布于亚洲和欧洲的寒带、温带山地，植株表面长着毛茸茸的棉毛。不管是在日照强烈的白天，还是气温极低的夜晚，这些棉毛都可以使植物保持自身温度的稳定，让植物在极端的气候环境中生存。棉毛大多呈白色，可以反射部分紫外线。并且，棉毛还可以防止雨水冲走花粉，提高植物繁殖的成功率。

绵参主要分布于中国云南、四川、青海及西藏等地的高山流石滩上

白毛羊胡子草主要分布于北半球苔原地区，种子上有棉毛。

火绒草

菊科火绒草属包含火绒草、高山火绒草等50多种植物，主要分布于亚洲和欧洲的寒带、温带山地，是高海拔地带常见的棉毛植物之一。火绒草属植物的棉毛干燥而密实，可抵御严寒和紫外线，减少水分蒸发。世界上最著名的火绒草属植物是分布于阿尔卑斯山的高山火绒草，又称雪绒花。雪绒花被奥地利、瑞士等国家的人视为勇敢、纯洁与永恒的象征。

火绒草属植物又称薄雪草，其植株表面有形似薄雪的白色棉毛。

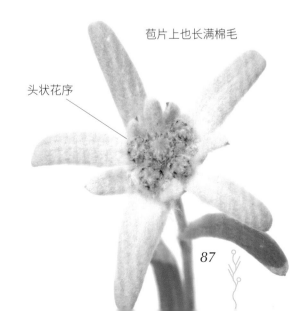

苞片上也长满棉毛

头状花序

中国高山植物

在中国西南部，高山耸立，山势崎岖，生存着许多珍贵的植物。一些特殊的高山植物生长在"世界屋脊"青藏高原，包括塔黄、雪兔子、雪莲、紫堇、绿绒蒿等"高原精灵"，它们称得上是"离天空最近的植物"。在这里，只有极少的植物能经受强紫外线和严寒的考验，在高山流石滩上绽放出夺目的花朵。

昆虫在五脉绿绒蒿的花冠中避雨

绿绒蒿属

罂粟科绿绒蒿属包含总状绿绒蒿、藿香叶绿绒蒿、全缘叶绿绒蒿、五脉绿绒蒿等80多种植物，主要分布于喜马拉雅山脉附近，多生长在海拔3000～4000米以上的流石滩或雪山草甸处。绿绒蒿属植物是青藏高原地区最具代表性的植物之一，花冠呈蓝、紫、黄、红等颜色，色彩绚烂，姿态各异，是著名的"高原美人"。高原地区天气多变，绿绒蒿属植物需要很长时间的养分积累才能绽放出美丽的花朵。

绿绒蒿属植物因茎、叶长有绒毛而得名，有些科学家认为这些绒毛能起到保护植株的作用。

全缘叶绿绒蒿

藿香叶绿绒蒿的花冠直径6～8厘米，花瓣呈天蓝色或紫色，具明显的纵条纹。

植物与生态

塔黄

塔黄是蓼科大黄属草本植物，分布于喜马拉雅山脉及云南西北部山区，生长在海拔 4000 ~ 4800 米的高山流石滩及草地上。为了适应高山地区的极端气候，塔黄长有半透明的乳黄色苞片，其中包裹着总状花序，使花能在适宜的温度下发育结果。这种"温室"的保温效果很好，塔黄苞片内部的温度会比外界气温高出 10℃ 左右。温暖的小环境还能吸引蕈蚊来产卵，达到传粉的目的。

完成繁殖使命的塔黄

塔黄可以长到 1 ~ 2 米高，称得上是高山冰缘带的"小巨人"。

马先蒿属

列当科马先蒿属包含狭管马先蒿、全叶马先蒿、巴塘马先蒿等 600 多种植物，广泛分布于北半球温带地区，其中有将近 2/3 的植物分布于中国，主要生长在西南高山地带。马先蒿属植物多为矮小的草本植物，花冠虽然不大，但形状十分多变，有的还长出小鸟一般的"喙"，颜色鲜艳，十分引人注目。它们多为半寄生植物，根部会长出一些寄生器，能够连接其他植物的器官，进而夺取养分。

全叶马先蒿

大王马先蒿

巴塘马先蒿

鹅首马先蒿

狭管马先蒿

海滨植物

　　沿海地区受海水与潮汐的影响，土壤盐分高，海风强，自然环境复杂而多变。这里生长着红树、木麻黄等高大乔木，还有一些顽强的花草。为了适应沿海环境，有些植物长出气生根，既可以吸收氧气，又可以过滤海水中的盐分；有些植物匍匐生长，以躲避呼啸的海风；还有些植物的种子可以"游泳"，随着水流漂荡到新的地方繁衍。海滨植物是人类防风消浪、定沙固堤、美化环境的好"帮手"，也是许多动物赖以生存的伙伴。

海草

　　在热带和温带海岸附近的浅海中，生长着小小的海草。海草是地球上唯一一类生活在海洋中的被子植物，长有根、茎、叶和花朵，被认为是演化过程中从陆地回到海洋的植物。常见的海草有喜盐草、海龟草、二药藻、大叶藻等。海草常在潮下带海水中形成海草床，其中腐殖质多，浮游生物丰富，为鱼、虾、儒艮、海胆等动物提供了食物和栖息地。但受人类活动的影响，海草床大面积退化，世界自然保护联盟认为约1/4的海草种类正濒临灭绝。

喜盐草广泛分布于红海至印度洋、西太平洋沿海，它的叶片如同淡绿色的半透明薄膜，上面有明显的叶脉。

木麻黄

木麻黄是木麻黄科木麻黄属乔木，最早出现于澳大利亚与太平洋热带岛屿。木麻黄树干挺拔，树高可达 40 米，胸径可达 70 厘米，枝条细软，花期 4～5 月，果期 7～10 月。木麻黄根系深广，具有生长迅速、耐干旱、抗风沙和耐盐碱的特性，是热带、亚热带海岸防风固沙的优良树木。中国广东、广西、福建、海南、台湾等地也广泛种植木麻黄。

木麻黄长有针形叶，果实是很小的坚果。

互花米草

互花米草是禾本科米草属草本植物，最早出现于北美洲大西洋沿岸。互花米草能很好地适应盐分较高的沿海环境，体内有高度发达的通气组织，可缓解地下根茎被水淹没时的缺氧情况。它还有盐腺，能将多余的盐分排出体外。互花米草曾被作为生态工程材料引入中国。因为适应性强、繁殖快，互花米草迅速蔓延，侵占了红树林等原生生态系统，并且阻塞航道，造成重大经济损失，现在已成为中国沿海地区危害严重的入侵植物。

露兜树长有聚花果

露兜树长有气生根，这是它得以在海边沙地生存的"法宝"。

互花米草

厚藤

厚藤是旋花科番薯属草本植物，多生长在中国东南沿海的海滨沙滩或路边向阳处。因其叶子前端凹陷，形似马鞍，在中国福建、广东、广西、台湾等地，它还常被称为马鞍藤。厚藤长有典型的旋花科花朵，漏斗状的花冠呈紫色或深红色。厚藤耐盐，可以在贫瘠的沙土中生长，是一种良好的海滩固沙植物，已经被用于三沙市南海诸岛的绿化工程中。

厚藤的茎很长，植株匍匐在地面上，甚至能铺满海滩。

红树林

红树林是生长在热带、亚热带海岸潮间带的植物群落，这里涨潮时被海水淹没，退潮时土地才裸露出来。红树林中的植物都具有独特的"生存技巧"，以适应海滩上的潮起潮落。红树林能阻碍海潮，保护堤岸，是地球生态系统中非常重要的部分。

沿海植物能把过多的盐分排出体外

红树林保护区

中国的红树林主要分布于台湾、海南、福建、广东、广西等地的沿海地区。由于围海造地、围海养殖、砍伐等人为因素，中国红树林大面积缩减，不及世界红树林面积的 1/1000。为了保护红树林，中国在许多地区建立了红树林保护区。截至 2020 年底，中国建立了 23 个以红树林为主要保护对象的自然保护区，总面积达 650 平方千米以上。

真红树植物的特殊根系

由于沿海环境特殊，红树林中的植物，尤其是真红树植物的主干一般不会无限增长，枝干上会长出支持根、板根、呼吸根等特殊的根系。这些根系使植物能扎入泥滩中，保持植株稳定。落潮时，泥面处的支持根和呼吸根还能帮助植物与外界进行气体交换。

涨潮时，红树林的枝干会被海水淹没，浮出水面的树冠就像海洋中的小岛一样。

胎生植物

为适应沿海地区特殊的环境，真红树植物演化出"胎生繁衍"的能力。与动物孕育胎儿的繁衍方式类似，红树的果实成熟后，里面的种子就已萌发，随着胎轴的不断伸长，胚根和胚芽便突破果皮，形成一条条棒状的幼苗，挂在树枝上。每当海风吹来，成熟的幼苗就借助自身的重量，纷纷脱离母体落入海滩，扎入土壤生根发芽。

秋茄树的种子在枝头萌发　　幼苗扎入淤泥中　　幼苗还会随海流漂到别处扎根

红树林中的生物

红树林中的植物主要分为真红树植物、半红树植物和伴生植物。真红树植物是只能生长在潮间带环境的乔木和灌木，以红树科植物为代表，也包括马鞭草科、海桑科等植物。半红树植物指的是既能在潮间带生存，又能在陆生环境生存繁衍的两栖乔木和灌木，如海杧果、水芫花、黄槿等。伴生植物指的是伴随红树林生长的草本植物、藤本植物及灌木，通常生长在红树林的边缘地带，如马鞍藤、冬青菊、苦林盘等。红树林中的动物种类也很丰富，有鸟类、鱼类、蛇、螃蟹、贝类等。

海杧果　　　　水芫花　　　　红树林蟹

红树林是苍鹭等许多候鸟的迁徙中转站，多种海鸟常栖息于此。

水生植物

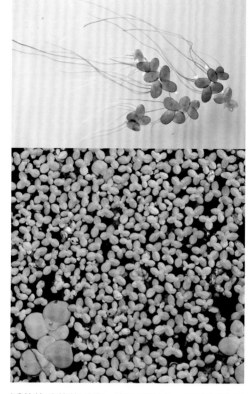

　　水生植物是能在水中或水分饱和的土壤中生长的植物。根据生活方式与形态特征的不同，水生植物可大致分为挺水型、浮叶型、漂浮型和沉水型等类型。由于水体中氧气匮乏，水生植物通常发育出气腔、气囊、气道等通气组织，将空气输送到各个器官，以维持植株的正常生长。常见的水生植物有莲、芦苇、睡莲、浮萍、菱角等。

浮萍

　　浮萍是天南星科浮萍属漂浮型植物，生长在水田、池沼或其他静水水域中。浮萍能够吸收水体中的氮和磷元素，有些品种可用于净化水质。人们在富营养化水体中投放浮萍，待其生长后，打捞上来的枝叶还可作为牲畜饲料。但由于生长速度很快，如果没有及时打捞，浮萍会在湖泊和河道中爆发生长，遮蔽水面，降低水体含氧量，造成水中动物和其他植物的死亡。

浮萍的叶状体对称，表面呈绿色，背面呈浅黄色或紫色。

芦苇

　　芦苇是禾本科芦苇属挺水型植物。它的生命力顽强，广泛分布于全球江河湖泽、池塘沟渠等有水源的空旷地带，可快速繁衍，形成连片的芦苇荡，开花时风景优美。《诗经》中"蒹葭苍苍，白露为霜"的诗句便是对芦苇荡的描述。芦苇可以涵养水源，净化水质，改善湿地的生态环境。

芦苇的圆锥花序

芦苇的植株直立生长，株高1～3米，茎直径1～4厘米。

金鱼藻无根，长着细长如丝的茎和叶。

金鱼藻

金鱼藻是金鱼藻科金鱼藻属沉水型植物，广泛分布于全球各地的池塘与河沟中。金鱼藻的叶片分裂成丝状，可以有效地吸收水中的二氧化碳和无机盐，并增大植物接受光照的面积。金鱼藻有极强的吸氮能力，在杭州西湖等地被用来净化水质，打捞后可以作为牲畜饲料。但也正是由于具有吸氮的特性，金鱼藻会在水田中与水稻争抢营养，影响粮食作物的发育。

即使枝叶能在水下生存，水毛茛等水生植物的花依然要在水面上开放，以便传粉繁育。

水毛茛

水毛茛是毛茛科水毛茛属沉水型植物，生长在山谷溪流、河滩积水地、湖泊、池塘等湿润的地方，在中国主要分布于辽宁、河北、江苏、云南和西藏等地。水毛茛有两种形态的叶片：伸出水面的叶片较宽大，进行光合作用的面积较大；沉于水中的叶片呈细丝状，能减少水流对植株的冲击，还能辅助植物呼吸。

菱

菱是菱科菱属浮叶型植物，古称芰，主要分布于中国中南部。菱扎根于水底的淤泥中，茎蔓达到水面时形成正常叶，叶片呈菱形，叶柄长，中部有浮器，组织疏松，内储空气，可以漂浮于水面上。菱的果实称为菱角，果皮呈绿色或紫黑色，其中的种子富含淀粉，味道香甜。

菱花开放时伸出水面，凋谢后花梗弯曲，子房沉入水中结果。

菱的浮水叶呈螺旋状排列，这样能形成更大的叶片总面积，提高光合作用的效率。

叶柄上有浮器

菱角

睡莲

　　睡莲是睡莲科睡莲属水生植物，是水景园林中不可或缺的观赏植物之一。睡莲的分布极其广泛，除南极洲以外，几乎全球各地都有自然分布和人工栽培的睡莲。现在，睡莲已经有超过1000个人工培育品种，有单瓣、半重瓣和重瓣等不同花形，花色亦十分丰富，有些品种甚至连叶片都极其美观，是当之无愧的水中"睡美人"。

从水下看睡莲的浮水叶

睡莲的通气组织

　　睡莲扎根于池塘底部的泥土中，叶片漂浮在水面上，是一种典型的浮叶型植物。睡莲有发达的通气组织，其地下茎、叶柄、叶片、花梗，甚至根须内都有着大大小小的气孔。睡莲叶柄内部的气孔大小不一，但分布得很有规律：通常中心部分有一至两圈大气孔，而四周的气孔则较小。

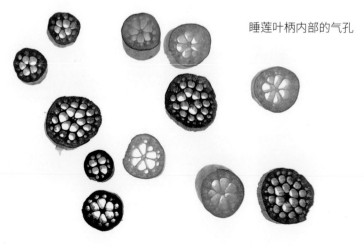

睡莲叶柄内部的气孔

中国培育品种金平糖睡莲

埃及蓝睡莲在白天开花，颜色美丽且气味香甜，在古埃及被用于装饰、香薰及丧葬仪式。

增殖睡莲在夜晚开放，同时散发出刺鼻的气味，百米之外也能闻到。

睡莲花朵的开合

　　睡莲的花朵每天都会有规律地开放、闭合。根据开花时间的不同，睡莲可分为日开睡莲和夜开睡莲。日开睡莲的花在白天开放，在晚上闭合，花朵颜色多样且气味芬芳，可以吸引各类昆虫，甚至小型鸟类传粉。夜开睡莲的花则在夜晚开放，正午之前完全闭合，花朵颜色相对单调，通常气味浓郁。某些种类的夜开睡莲会在雌蕊上长出富含淀粉的可食用棒状结构，同时散发出类似化学溶剂的刺鼻气味，以此来吸引苍蝇、蛾子等"重口味"的夜行昆虫为其传粉。

叶片中心的不定芽依靠母体的营养长出根与叶，有时甚至还未脱离母体，就已经开出花来。

睡莲的不定芽

　　除了种子和分株以外，睡莲还可通过不定芽进行繁殖。在叶片、根系，甚至花朵等部位长出的嫩芽，称为不定芽。某些睡莲会在叶片中心孕育出不定芽，当母叶完成养育的使命，叶柄腐烂断裂之后，这些新生的幼苗便会随着水流漂到别处，继而生根发芽，开拓属于自己的一片"新领土"。

法国印象派画家莫奈将睡莲称为"池塘里的精灵"，他晚年绘制了 200 多幅睡莲主题油画。

中国培育品种侦探艾丽卡睡莲　　　　彩虹睡莲　　　　　　玫瑰园梦睡莲　　　　　　樱桃轰隆睡莲

佩里的橙色落日睡莲

暹罗钻石睡莲　　　　咏叹调睡莲

地黄株高 10 ～ 40 厘米，表面有灰白色的柔毛。

郊外的野花

想要欣赏植物之美，不一定非要带齐户外探险设备，深入丛林之中。在稍微远离城市中心的郊野，你就能发现丰富多彩的野花野草。它们大多长得纤细而低矮，只有蹲下来细心观察，才能发现它们的精致之处。如果有机会目睹它们的身姿，你还可以用相机或画笔记录下它们的样子，不过尽量不要随意采摘，让它们自由地生长吧！

地黄

地黄是列当科地黄属草本植物，分布于中国东北、华北、西北等地，在海拔 50 ～ 1100 米的砂质壤土、山坡、墙边、路旁等地十分常见。地黄肉质的块根和根状茎较肥厚，基生叶呈长椭圆形。地黄的花冠外侧呈紫红色，内侧常有黄中带紫的条纹，筒状花组成总状花序，花果期 4 ～ 7 月。

▲ 自然DIY

地黄的花蜜

地黄在中国北部十分常见。若恰好能捡到掉落下来的地黄花朵，你可以在保证安全卫生的前提下，吸一口尾部的花管。你可能会品尝到甜甜的花蜜，这是地黄专门为传粉昆虫准备的"礼物"。

早开堇菜与紫花地丁的形态
十分相似，早开堇菜的花期
比紫花地丁早一周左右，二
者的叶片也有不同。

早开堇菜

紫花地丁

早开堇菜

紫花地丁

紫花地丁的蒴果
呈长圆形，里面
有球形的种子。

紫花地丁

　　紫花地丁是堇菜科堇菜属草本植物，广泛分布于中国各地。它不仅是山间常见的野花，还常被人们栽种到公园和路旁。紫花地丁株高 10 厘米左右，花梗自叶丛中长出，花冠顶生，花果期 4～9 月。紫花地丁的根系发达，喜光照充足、湿润的环境，也耐阴、耐寒，即使在高污染的工厂附近也能生长。

阿拉伯婆婆纳

　　阿拉伯婆婆纳是车前科婆婆纳属草本植物，又称波斯婆婆纳、肾子草等，是中国南部常见的野花之一，最早出现于亚洲西部及欧洲。每年 3～5 月，阿拉伯婆婆纳成片开放，其蓝紫色的花冠只有约 1 厘米大小，花冠分为 4 枚小小的裂片。婆婆纳属包含约 250 种植物，中国有 60 多种。在中国西南山地有许多精致小巧的婆婆纳属野花。

绶草

　　绶草是兰科绶草属草本植物，又称盘龙参、红龙盘柱、一线香等，广泛分布于中国各地，多生长在山坡草丛和河滩附近，是一种比较少见的野花。和花卉市场上常见的兰花不同，绶草比较低矮，株高 13～30 厘米，花冠直径只有 5 毫米左右。其小小的花在纤细的花序轴上螺旋排列，形成了精致而独特的总状花序。科学家认为，这样的花序能够提高传粉的成功率。

虎耳草

　　虎耳草是虎耳草科虎耳草属草本植物，又称天青地红、金丝荷叶、老虎耳等，在中国主要分布于南部，多生长在海拔 2000 米以下的山地阴湿处。虎耳草的花冠精致独特，每朵花上有 5 枚白色花瓣，其中 3 枚较小，表面有红色和黄色的斑点。中国作家沈从文十分钟爱虎耳草，曾在小说《边城》中以虎耳草象征纯真的爱情。

绶草

虎耳草

阿拉伯婆婆纳的茎
上有密集的柔毛

凤仙花株高 60 ～ 100 厘米，花期 7 ～ 10 月。

城市中的花草

城市中高楼林立，车水马龙，植物们无法肆意生长，似乎缺少了一丝绿意。但只要耐心地弯下腰，去观察墙角、砖缝等不起眼的角落，你就会发现许多有趣的植物。它们与人类四季相伴，就像我们在城市中的"邻居"。这些花草可能并不起眼，但同样有着奇妙的结构与了不起的生存本领。

凤仙花

凤仙花是凤仙花科凤仙花属草本植物，是花坛、篱旁、花境、庭前常见的花卉。凤仙花的花朵簇生在茎上部的叶腋处，呈白、粉红、紫等颜色。将其深色的花瓣捣烂后敷在人的指甲上，等待一段时间，指甲就会染上橙红色，因此凤仙花又称指甲花。凤仙花的果实也十分有趣，成熟后只要被轻轻一碰，就会立即崩裂。凤仙花属包含凤仙花、苏丹凤仙花、赞比亚凤仙花等 900 多种植物，主要分布于欧亚大陆热带、亚热带山区和非洲，中国有 200 多种。

凤仙花属植物的蒴果接近纺锤形，能将种子喷射出去。

苏丹凤仙花最早出现于非洲东部，可盆栽观赏。

车前

车前是车前科车前属草本植物，又称车辖辘菜、蛤蟆叶、猪耳朵等，古称芣苢，主要分布于亚洲东部，中国各地均有野生分布。车前长有纤长的穗状花序，上面较稀疏地长着一些白色的小花，花期4～8月，果期6～9月。从古时候起，人们就喜欢用车前的花序玩"斗草"游戏，传说吴王夫差沉溺于斗草，以至于耽误国事，导致吴国被越国打败。

车前的蒴果

车前

夜晚开花的紫茉莉，吸引天蛾前来采食花蜜，传播花粉。

紫茉莉

紫茉莉是紫茉莉科紫茉莉属草本植物，最早出现于美洲热带地区，于中国各地普遍栽培，也能在野外自然繁殖。紫茉莉的根粗壮，株高可达1米，花期6～10月，果期8～11月。紫茉莉的花常数朵簇生于枝端，于傍晚开放，所以又称晚饭花。紫茉莉的花冠呈高脚碟状，花瓣呈紫红、黄、白等颜色，花丝和花柱细长，伸出花外。它的瘦果呈球形，表面有皱纹，就像黑色的小地雷。

紫茉莉的种子中有白色粉末状的胚乳，明清时期的女性会将它涂在脸上，使皮肤白皙。

蜀葵

蜀葵是锦葵科蜀葵属草本植物，最早出现于中国西南部，因其生命力较强，造型美观独特，常被人们栽种在房前屋后。蜀葵花期2～8月，大多在夏季开花，因此又称大麦熟、端午花等。它的花冠较大，直径6～10厘米，呈白、黄、粉、红、紫等颜色，花瓣上有黏液。

蜀葵的茎直立，高可达2米，花色鲜艳，因此又称一丈红。

蜀葵的花冠中央有约2厘米长的雄蕊柱

蜀葵的果实呈盘状，由许多圆盘形的分果瓣组成。

悬铃木是一类高大的落叶乔木，树皮会呈薄片状剥落。

行道树

春秋战国时期以来，中国人就开始将树木栽种在道路两旁。到现在，行道树已成为城市中必不可少的"绿色守护者"。它们不仅可以美化城市，还能创造良好的小环境，使路面、住宅等免遭强烈的阳光照射，调节气温与湿度，减少噪声。适宜做行道树的植物应有易于成活、病虫害少、无毒、无异味、树形美观、寿命长等特点。中国常用作行道树的有槐、樟、白蜡树、木棉等。

悬铃木

悬铃木科悬铃木属乔木可统称为悬铃木，包含一球悬铃木、二球悬铃木和三球悬铃木等植物，也就是人们常说的美国梧桐、英国梧桐和法国梧桐。这些"梧桐"是常见的行道树，树高可达 30 多米，胸径 1 米以上，树干坚挺，枝叶茂密，能撑起一大片树荫。种植悬铃木有利于对抗雾霾，其宽大的叶片上有丰富的绒毛，是良好的灰尘颗粒收集器。

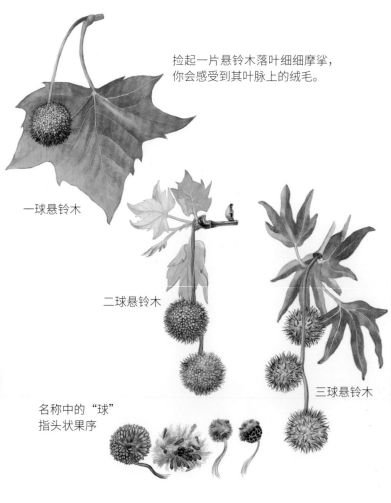

捡起一片悬铃木落叶细细摩挲，你会感受到其叶脉上的绒毛。

一球悬铃木

二球悬铃木

三球悬铃木

名称中的"球"
指头状果序

木棉树干上常有圆锥状的粗刺

木棉纤维可用于填充枕、褥、救生圈等

木棉的花通常先于叶出现，花瓣肉质，凋谢时整朵花从枝头掉落。

木棉

　　木棉是锦葵科木棉属乔木，又称红棉、英雄树、攀枝花等，在中国主要分布于云南、四川、广东、福建等地，是优良的行道树。木棉树高约25米，树干笔直，姿态雄伟。木棉的花冠直径约10厘米，鲜艳似火，十分夺目，花期3～4月。

槐

　　槐是豆科苦参属乔木，又称槐树、蝴蝶槐等，是中国本土物种。槐树喜光，生长速度较快，树荫浓密，花期7～8月，果期8～10月，耐烟尘，是城市中常见的行道树之一。但槐树上易滋生蚜虫，天气炎热时，树上常会滴下蚜虫的排泄物，虽无毒，但十分黏腻，不易清理。

槐树长有串珠状的荚果

毛白杨

毛白杨

　　毛白杨是杨柳科杨属乔木，是中国本土物种。毛白杨树形高大，树荫茂密，微风吹拂下树叶会发出"哗哗"的响声，因此又称响杨。毛白杨生长快，寿命长，曾为中国各地大力推广的行道树。但每当春季，它那带绒毛的种子随风飘扬，会使人过敏，污染环境，甚至引发火灾。像毛白杨这样会产生毛絮的树，已渐渐被其他树木取代，越来越少地用于城市绿化中。

毛白杨的蒴果成熟后，散播出带有绒毛的种子。

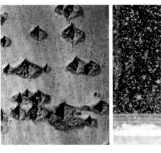

毛白杨的树干上有两两相连的菱形皮孔

旱柳的种子上也有毛，每到春季有些城市中飘满了它的毛絮。

园林工人将药剂注入树干，以抑制旱柳形成雌花芽，进而缓解柳絮造成的污染。

危险的入侵者

筛查入侵物种是出入境检验中非常重要的任务

在自然生态系统中，不同物种经过长期的适应与竞争，形成相互依赖又彼此制约的密切关系。一个外来物种引入后，可能会打破原有生态系统的平衡，成为危害环境的"入侵者"。入侵植物往往具有很强的繁衍能力和适应能力，在新环境中受天敌威胁较小，并且能分泌毒素，抑制本土植物的生长。在国际自然保护联盟公布的全球100种最具威胁的外来物种中，中国境内已发现50多种，造成严重影响的有豚草、微甘菊、印加孔雀草、黄花刺茄等。

凤眼蓝的叶柄中部膨大成纺锤形，内有气室，使植株浮于水面上。

凤眼蓝

凤眼蓝是雨久花科凤眼蓝属草本植物，又称水葫芦、凤眼莲等，最早出现于巴西。它的茎极短，具长匍匐枝，叶片近似圆形。凤眼蓝花期 7～10 月，果期 8～11 月，其蓝紫色的花组成穗状花序，曾被作为观赏植物、饲料和污水防治植物引入中国。凤眼蓝的繁殖能力很强，适宜的条件下两周即可增长一倍。在富营养化的水体中，凤眼蓝可以快速布满整个水面，抑制水体流动，致使水质快速恶化。

连成一片的凤眼蓝会阻塞航道，影响人类的生产和生活。

马缨丹

马缨丹是马鞭草科马缨丹属灌木，又称五色梅、如意草等。它最早出现于美洲热带地区，明末时期被引入中国台湾，后逃逸至全国热带地区。马缨丹常以蔓生枝着地生根进行无性繁殖，能形成密集的群落，严重妨碍其他植物生存，是中国南部牧场、林场、茶园和橘园中的恶性竞争者，危害森林资源和农业生态系统。

马缨丹的花密集成头状，花冠呈黄色或橙黄色，开花后变为深红色。

马缨丹的浆果成熟时呈紫黑色，有毒。

将马缨丹叶片揉烂，可以闻到强烈的臭味。

破坏草的管状花呈淡紫色，花冠直径约 3.5 毫米。

破坏草

破坏草是菊科紫茎泽兰属的草本植物或灌木，又称紫茎泽兰、解放草等，最早出现于墨西哥，现已成为全球性的入侵物种。破坏草的瘦果上有纤细的白色冠毛，可帮助种子随风传播，繁衍力较强，花果期 4 ~ 10 月。破坏草能改造土壤，塑造适宜自身生长的环境。它还会抑制周边其他植物的生长，危害牧草、茶树、桑树等作物，可能导致牲畜中毒。

垂序商陆可导致周边其他植物生长不良甚至死亡，全株有毒。

五爪金龙通过缠绕，使其他植物因缺少阳光而慢慢枯死。

水盾草入侵中国东部和北部，影响本土水生植物的生长。

微甘菊是一种具有超强繁殖能力的藤本植物，可导致成片树木枯萎死亡。

大薸是南部常见的入侵植物，能通过匍匐茎快速繁殖。

加拿大一枝黄花

加拿大一枝黄花是菊科一枝黄花属草本植物，又称金棒草、麒麟草等，最早出现于北美洲。它被作为观赏植物引入中国，后来逸生野外，入侵中国上海、浙江、湖北等地。秋季时，一般的杂草已经枯萎或停止生长，而加拿大一枝黄花依然生长旺盛，并依靠地下横生的根茎扩展自己的领地。它曾在上海疯狂蔓延，导致 30 多种本土植物消亡，严重破坏当地生态平衡。

加拿大一枝黄花的头状花序很小，在分枝上排列成蝎尾状，再组合成开展的大型圆锥花序。

植物的“运动”

植物没有动物那样的肢体或翅膀，不能自由地跑动，大多只能扎根于土壤中，静静地生长。但植物与我们一样，能感受到外部环境中的声音、光线与危险，用枝、叶、花等器官来做出反应，保护自身的生长。有些植物变化较明显、反应速度较快，在人们看来就像是会“运动”一般。细心观察身边的植物，那随着太阳转动花冠的向日葵，绕轴旋转的紫藤、黄独，在藤架上攀爬的葫芦、葡萄，都展现了植物的动态之美。

刺沙蓬的茎直立，叶片接近圆柱形，顶端有尖刺。

刺沙蓬

刺沙蓬是苋科碱猪毛菜属草本植物，多生长在砂地、山谷中。刺沙蓬是一种著名的“风滚草”，干枯后能随风四处滚动，散播种子。19世纪，刺沙蓬从俄罗斯被带到美国，到20世纪初，刺沙蓬已经遍布美国西海岸的草原和荒漠，导致当地大量植物死亡。2018年，刺沙蓬席卷美国加利福尼亚州，甚至堵在了当地人的家门前。不过，刺沙蓬并非一无是处，在干旱贫瘠的放牧地，刺沙蓬可作为牲畜饲料。

刺沙蓬可以随风任意滚动、弹跳，沿途传播种子，并不断聚集，形成尺寸惊人的球状物。

舞草

舞草

  舞草是豆科舞草属灌木，又称钟萼豆、跳舞草等，主要分布在中国、印度、尼泊尔等国家，多生长在丘陵山坡处。舞草的叶柄上长有 3 枚线形的小叶片，在气温不低于 22℃、光照充足的环境中，如果以 70 分贝左右的声音刺激植株，小叶片会按椭圆形轨迹摆动，就像在随着音乐翩翩起舞。其中的奥秘在于舞草小叶柄基部的海绵体组织，受光照或声音刺激时，敏感的海绵体会带动叶片摇摆。

含羞草

  含羞草是豆科含羞草属草本植物，又称怕丑草、呼喝草等。它长有羽状复叶，只要被轻轻地碰一下，叶片就会合拢，甚至整个叶柄下垂。过一会儿，叶片才会恢复成原来的样子。含羞草最早出现于南美洲热带地区，当地多暴雨，柔弱的枝叶合拢起来，能降低植株被雨水摧折的可能性。有些科学家认为，叶片合拢起来还能赶走昆虫，抵御采食者。

含羞草花期 3 ～ 10 月，果期 5 ～ 11 月，果实为荚果。含羞草有微毒，人食用或过度接触其叶片会导致毛发脱落。

自然DIY

向光"运动"的植物

  选择一株已经生长了一段时间的盆栽，用一个厚厚的纸箱扣在盆栽上，并在纸箱的侧面剪出一个洞，让阳光或灯光只能从这个洞照射到植物上。一段时间后，你会发现植物的叶子和新枝都从这个洞里"钻"了出来。为了获得必需的光照，植物只能向着有光的地方生长。

紫薇

  紫薇是千屈菜科紫薇属灌木或乔木，又称无皮树、百日红、痒痒树等，最早出现于亚洲，现于全球各地广泛栽培。用手轻挠紫薇树干，它会像怕痒一样抖动，花枝微颤。这种现象可能与紫薇的树形有关，紫薇树干较高，上下粗细差不多，枝叶与花集中在顶端，因此整体重心靠上，触碰底部的树干便可能引起顶部枝叶的抖动。

紫薇多长有圆锥花序，种子有翅。

紫薇的树干十分平滑，传说连猴子也无法攀爬上去。

紫薇花期 6 ～ 9 月，果期 9 ～ 12 月，开花时花叶繁茂，树冠如盖，看似"头重脚轻"。

扁刺峨眉蔷薇的幼枝上有密密麻麻的针刺和扁大的皮刺，皮刺鲜红而醒目。

植物的"铠甲"

地球生态系统的维持离不开能量流动和物质循环，而这一切过程都需要通过生物之间的"取食"实现，如食草动物采食植物，食肉动物捕食食草动物。遇到天敌追捕时，快速逃跑是动物们最有效的求生方式之一，但植物们就只能傻傻地"坐以待毙"吗？当然不是，植物们也有许多抵御危险的办法。以尖刺形成的"铠甲"就是抵御食草动物的有效武器之一。

植物的刺

植物表面各种尖锐的突出物都可称为刺。根据位置与来源的不同，刺可分为叶刺、皮刺和枝刺。叶刺是由植物叶片或叶的一部分形成的，如刺天茄叶片上的刺。皮刺是由植物茎的表皮细胞突起形成的，容易与茎分离，如花椒茎上的刺。枝刺是由植物枝条变成的刺，刺中有维管束组织与茎相连，不易与茎分离。

柠檬的刺属于枝刺，是不分枝的单刺。

皂荚的枝刺粗壮，常分枝。

刺槐长有皮刺

欧洲冬青被人们视为圣诞节的符号之一，其靠近地表的叶片边缘长有叶刺。

低矮的高山栎易被动物取食，叶缘具有防御性的尖刺。

成年高山栎植株高大，不易被动物取食，叶片上没有刺。

荨麻一旦被动物触碰，就会将刺中的毒素注射到动物的皮肤中。

一些毛虫以荨麻为食，不仅不会被毒刺伤害，还能免遭其他动物的袭击。

有刺植物的防御对象

有刺植物的防御对象主要是牛、羊等大型食草动物。食草动物越多的地方，有刺植物的种类越多，同一植株上刺的密度也越高。一些植物在幼年阶段刺较多，当它长得超过动物的取食高度时，刺的数量会逐渐减少甚至消失。植物的刺如果不够显眼，很可能被"粗心"的动物一口咬下去。动物虽会被刺伤，植物本身也"损失惨重"。因此，易被食草动物注意到的刺才能真正发挥出保护的作用。

若毫无防备地触摸荨麻，会使人感到瘙痒和疼痛。

刺的其他功能

除了防御食草动物，植物的刺还具有其他妙用，助其生存。例如一些藤本植物需要向高处生长，获取阳光，它们的刺就像鱼钩一样向下反转，帮助植物向上攀爬。有些植物的果实上长有刺，能钩住动物的毛发，达到传播种子的目的。

蔷薇向下反曲的刺能够助其攀爬

小窃衣果实上的刺有利于种子的传播

食草动物的抵抗

植物穿上"铠甲"后，食草动物当然不会就此罢休，为了各自的生存，它们在不断"比赛"。例如，沙漠中有多种带刺的植物，而骆驼的舌头非常粗糙，且具有肉刺，能够应对沙漠植物表面的尖刺。这种动物与植物之间的"军备竞赛"，促进了生物演化进程，多种多样的生物得以共同生活在地球上。

特殊的口腔构造使骆驼能取食带刺的植物

有毒的植物

　　面对危机四伏的生存环境，"铠甲"不是植物唯一的"武器"。有些植物能合成有毒的化学物质，毒性剧烈的甚至会导致采食者死亡。毒性物质还是植物"化学战"的主要武器，不同植物为了争夺生存空间，会释放出威胁对方生存的毒素。茄科、天南星科、百合科、石蒜科、毛茛科等包含较多有毒的植物。日常生活中我们应避免触碰、采食那些不熟悉的植物。

夹竹桃

　　夹竹桃是夹竹桃科夹竹桃属灌木，全株含有多种有毒的化合物，其中夹竹桃苷会影响哺乳动物的心脏、消化系统和神经系统，毒性极强，几枚叶片就足以使一个成年人死亡。但如果使用得当，夹竹桃的叶片和树皮可用于提制强心剂，挽救心脏病患者。夹竹桃科中还有多种有毒的植物，如羊角拗、海杧果等，它们的种子和茎枝中的乳汁毒性尤为剧烈。

夹竹桃的花冠中央有一些流苏状的结构，能够吸引昆虫。

夹竹桃天蛾的幼虫以夹竹桃为食，并将植株中的有毒物质储存在体内，用以抵御天敌。

夹竹桃天蛾

夹竹桃的花大而艳丽，几乎全年开放。

夹竹桃天蛾幼虫

曼陀罗

曼陀罗是茄科曼陀罗属草本植物，又称枫茄花、狗核桃、闹羊花等，广泛分布于全球温带至热带地区。曼陀罗全株有毒，曾被美洲土著居民用来制作致幻剂和麻醉剂。美国独立战争时期，英国士兵前往美国弗吉尼亚州詹姆斯镇，镇压反抗殖民统治的居民。士兵们采集野草食用，误食曼陀罗后中毒，许多人因此丧命。因此，曼陀罗又称詹姆斯草。

花瓣先端宽裂，裂片折叠。

曼陀罗花期6～10月，果期7～11月，花朵硕大，呈喇叭状。蒴果表面有刺，其中有许多黑色的种子。

颠茄是一种有毒植物，古代欧洲女性将颠茄汁液滴入眼中，毒性物质会使人的瞳孔放大，双目看上去更加有神。

乌头

乌头是毛茛科乌头属草本植物，又称草乌、乌药等，在中国分布较广。乌头全株有毒，以块状根毒性最强，人误食后会影响神经系统，导致呼吸麻痹、心脏骤停，摄入过量会致死。人们很早就认识到了乌头的毒性，用它制作毒药或土农药，并将它与传说故事联系在一起。在古希腊神话中，大英雄赫拉克勒斯制服了看守冥府之门的三头犬，将它带到人间的途中，三头犬滴落的口水就变成了乌头。

乌头花冠中最靠上的萼片呈高盔形，花期9～10月。

铃兰

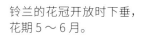

铃兰的花冠开放时下垂，花期5～6月。

铃兰是天门冬科铃兰属草本植物，多生长在北半球温带的林区中，在亚洲东部、欧洲和北美洲都很常见。铃兰株高18～30厘米，常成片生长，花洁白娇小，气味甜美。铃兰具有较强的毒性，人误食后会中毒，产生头晕、呕吐、腹泻等症状。

植物的伪装

许多生物会把自己融入周围的环境进行伪装，使自己难以被观察者识别。伪装既是生物躲避天敌的良策，亦是提高捕食成功率的手段。绝大多数的伪装案例都来自于动物界，但植物界也有一些不起眼的"伪装高手"。在青藏高原地区的高山上，生长着囊距紫堇、绢毛苣、苞毛茛、梭砂贝母等擅于伪装的植物，它们分别来自不同的科属，亲缘关系很远，但都拥有相似的伪装外貌，这是一种典型的趋同演化现象。

伪装色型和绿色型的囊距紫堇

生于高山流石滩上的绢毛苣，叶片与周边几乎融为一体。

植物的伪装策略

植物们的伪装策略主要包括隐蔽色、混隐色和乔装等。隐蔽色是最常见的伪装策略，植物自身颜色与周边环境极其相似时，就能令观察者难以发现；混隐色是通过强烈对比的斑纹，营造假的边缘效果，令自身的真实轮廓不易暴露；乔装是指植物与某些无关紧要的物体，如石头、枯叶或小树枝相似，令观察者视而不见，难以辨认。

豇豆的种子通过混隐色实现伪装

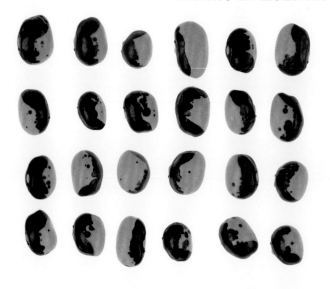

半荷包紫堇的叶片在不同山头分化成青灰、深红、棕褐等颜色，便于更好地藏匿于周边岩石中。

半荷包紫堇的伞房花序

紫堇的伪装

　　囊距紫堇和半荷苞紫堇是罂粟科紫堇属草本植物，生长在中国西南部高山地带，体色与周遭的岩石环境融为一体，非常容易被人忽略。在横断山区，雌性绢蝶成虫常常依靠视觉寻找紫堇，并将卵产在植株附近。幼虫孵化后会取食紫堇的叶片、嫩芽和花蕾，体形矮小的紫堇往往因此面临灭顶之灾。由花青素和叶绿素共同形成的伪装体色，不仅能使紫堇免遭侵害，还不会影响植物本身的光合作用。

紫堇属植物的伪装主要是为了抵御美丽而贪婪的取食者——绢蝶

伪装与演化

　　植物的伪装特征，是在演化过程中由采食者塑造的。我们可以想象一个拥有足够变异的植物群体，如果某些个体恰好比另一些更难发现，这些个体就可能拥有生存优势，能够产生更多后代。如果采食者带给它们的生存压力一直存在，那么经过不断筛选，整个群体就会向伪装——这个更适于生存的方向演化。

隐蔽色使囊距紫堇巧妙地伪装于流石滩中，只有开花的时候容易被察觉。

生石花的伪装

　　早在 150 年前，就有关于植物伪装的零星描述，生石花属植物便是最著名的案例。如今，这类植物已成为园艺市场的宠儿，被栽种在全球各地的阳台和花园中。在"老家"非洲南部，它们生长在遍布砾石的戈壁上，采取隐蔽色和乔装两种伪装策略。无论体色、纹理还是形态，生石花属植物都像极了一块平凡普通的石头。不过直到现在，都没有严格的实验去检验生石花的伪装是否起作用，人们甚至不清楚它们奇特的外表究竟是为了应对哪些天敌。

生石花属包含多种肉质草本植物

生石花属植物善于伪装，你能找到石缝中的它们吗？

"狡猾"的兰花

药山虾脊兰是食源性欺骗兰花

地球上80%以上的有花植物依靠动物传播花粉，其中昆虫是传粉的"主力军"。花朵为昆虫提供花蜜和花粉，植物与传粉昆虫由此形成了互利的关系。但在兰科家族中，有将近1/3的植物不会为昆虫提供任何"报酬"，而是利用各种方式诱骗昆虫，实现传粉，称为欺骗性传粉。这类兰花通过花的形态、颜色、气味等信号，巧妙地利用和操纵昆虫的各种行为，如觅食、交配、产卵、栖息等，诱骗昆虫到花朵上，为植物传粉。

兰花的食源性欺骗

有些兰花利用昆虫的觅食行为，向目标昆虫提供假的食物信号，如没有蜜的花距、假的花粉等，从而诱骗昆虫到花上觅食，达到传粉的目的，这种方式称为食源性欺骗。绝大多数的食源性欺骗兰花都没有特定的模仿对象，它们的诱骗目标是那些没有什么觅食经验的、"天真"的昆虫。少数兰花会模拟某一种特定的、有报酬的植物，称为贝式拟态。

离萼杓兰是食源性欺骗兰花，访花昆虫多达14种，但只有淡脉隧蜂为有效传粉者。

分布在欧洲的红花头蕊兰模拟了一种桔梗科植物，二者的花都呈紫红色。

头蕊兰唇瓣上的黄色乳突状物质，模拟了鼠尾草叶岩蔷薇的花粉，能诱骗昆虫访花。

鼠尾草叶岩蔷薇

兰花的性欺骗

有一些兰花的形态与雌性昆虫非常相似，开花时还会散发出雌性昆虫的性激素，吸引雄性昆虫前来交配，从而实现传粉，这种欺骗方式称为性欺骗。眉兰属植物是典型的性欺骗兰花，主要分布于欧洲，其唇瓣形态与雌性泥蜂十分形似，雄蜂"上当"后落到唇瓣上时，头部就会沾上花粉。性欺骗在分布于欧洲、大洋洲、非洲和美洲的兰科植物中均有发现。

有些眉兰属植物具有粉红色的侧瓣，能在近距离增加雄蜂访花的准确性。

眉兰属植物形态多样，有些种类的唇瓣上有条纹或毛，极具欺骗性。

小龙兰属植物的唇瓣形似担子菌子实体，科学家推测这类植物通过菌蚊或寄生于真菌的蝇类传粉。

为了成功骗过昆虫，西藏杓兰采取了栖息地拟态、食源性欺骗等多种方式。

疏花火烧兰

食蚜蝇遭到疏花火烧兰的诱骗

兰花的产卵地拟态

产卵地拟态是指兰花利用昆虫的产卵行为，模拟昆虫的产卵地，从而吸引昆虫进入花内产卵，达到传粉的目的。有些兰花长有"陷阱"花，形似腐败的动物尸体或真菌子实体，具腐败气味。疏花火烧兰是一种产卵地拟态兰花，花的气味接近蚜虫的气味。食蚜蝇的幼虫以蚜虫为食，因此食蚜蝇会被疏花火烧兰的气味吸引，到花上产卵，帮助植物传粉。

欺骗性传粉与兰花多样性

花蜜含有丰富的营养物质，对昆虫很有吸引力，但生产花蜜要消耗植物总能量的37%。正是因为没有花蜜，兰花能将更多能量用于种子的发育中，进而演化出更美丽而多变的花朵形态。并且，没有得到报酬的访花昆虫，往往会飞到更远的地方，再尝试访花，从而将兰花的花粉扩散到很远的地方，促进异花传粉，扩大兰花基因的传播范围。

蚁兰是一种性欺骗兰花，它的花模拟了一种雌性姬蜂。

长药兰属植物是栖息地拟态兰花，其花冠呈筒状，形似独居蜂巢穴的入口，能吸引昆虫进入花中。

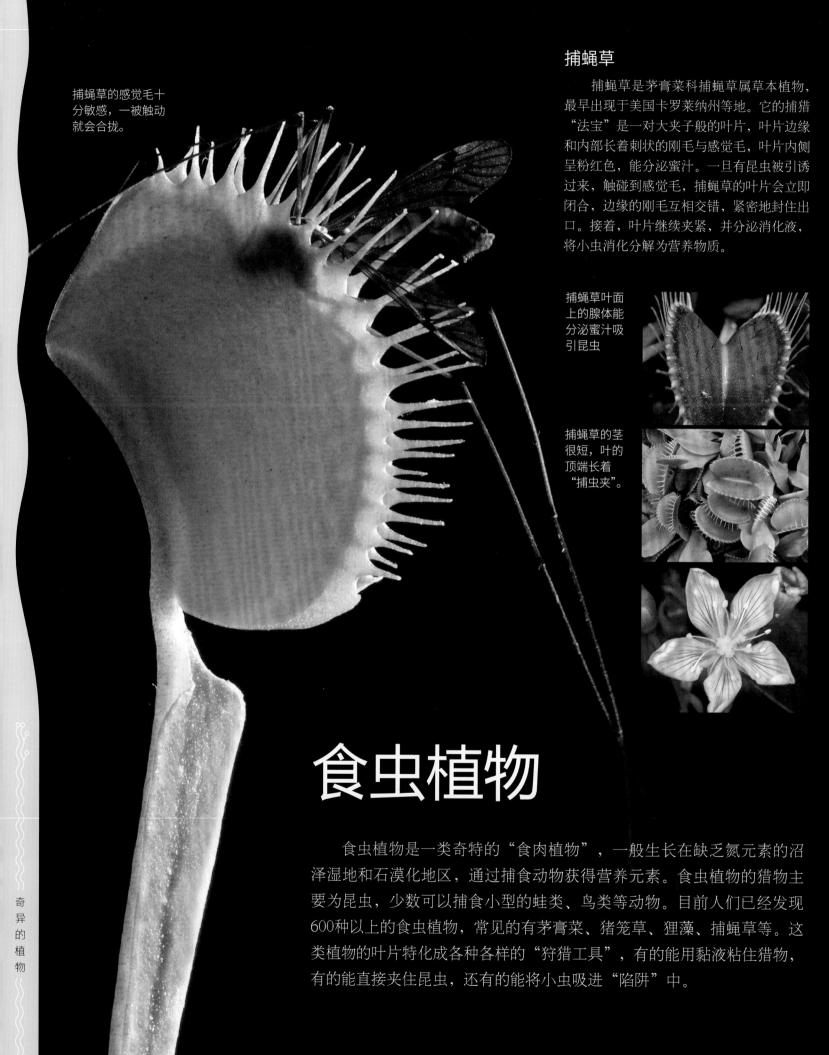

捕蝇草的感觉毛十
分敏感，一被触动
就会合拢。

捕蝇草

　　捕蝇草是茅膏菜科捕蝇草属草本植物，最早出现于美国卡罗莱纳州等地。它的捕猎"法宝"是一对大夹子般的叶片，叶片边缘和内部长着刺状的刚毛与感觉毛，叶片内侧呈粉红色，能分泌蜜汁。一旦有昆虫被引诱过来，触碰到感觉毛，捕蝇草的叶片会立即闭合，边缘的刚毛互相交错，紧密地封住出口。接着，叶片继续夹紧，并分泌消化液，将小虫消化分解为营养物质。

捕蝇草叶面
上的腺体能
分泌蜜汁吸
引昆虫

捕蝇草的茎
很短，叶的
顶端长着
"捕虫夹"。

食虫植物

　　食虫植物是一类奇特的"食肉植物"，一般生长在缺乏氮元素的沼泽湿地和石漠化地区，通过捕食动物获得营养元素。食虫植物的猎物主要为昆虫，少数可以捕食小型的蛙类、鸟类等动物。目前人们已经发现600种以上的食虫植物，常见的有茅膏菜、猪笼草、狸藻、捕蝇草等。这类植物的叶片特化成各种各样的"狩猎工具"，有的能用黏液粘住猎物，有的能直接夹住昆虫，还有的能将小虫吸进"陷阱"中。

茅膏菜

　　茅膏菜是茅膏菜科茅膏菜属草本植物，主要分布于中国云南、四川、贵州等地。茅膏菜的叶缘长满腺毛，一旦昆虫落入"陷阱"，腺毛就像握拳一样卷起来，同时分泌黏液将昆虫粘住，并将猎物分解为营养物质。消化完毕后，腺毛会重新张开，继续等待新猎物的到来。茅膏菜属包含茅膏菜、长叶茅膏菜、圆叶茅膏菜等200多种植物，广泛分布于全球各地，都具有类似的捕虫"技巧"。

长叶茅膏菜的捕虫叶扁平而细长

茅膏菜捕捉到了一只蚊子　　　　茅膏菜的螺旋状聚伞花序生于枝条顶端

狸藻

　　狸藻是狸藻科狸藻属草本植物，广泛分布于北半球温带地区的淡水环境中。狸藻是水中的植物"猎手"，植株除花序外都沉浸在水中。狸藻拥有精致而巧妙的"吸入式"捕虫囊。当猎物游过，不小心触动了捕虫囊口的纤毛，捕虫囊的开口就会立刻张开。在水压的推力下，狸藻能将小虫吸入囊内，慢慢享用。

狸藻的捕虫囊生于匍匐枝或叶片的基部

猪笼草

　　猪笼草是猪笼草科猪笼草属草本植物，广泛分布于亚洲中南半岛至大洋洲北部，是一种著名的食虫植物。猪笼草长着瓶子一样的捕虫囊，瓶口的盖子能分泌昆虫喜欢的蜜汁。猎物被引诱过来后，会顺着光滑的瓶口落入瓶底，底部的消化液会将猎物分解吸收。猪笼草属包含猪笼草、大猪笼草、葫芦猪笼草等170多种植物，都长有类似的捕虫囊。

捕虫囊的盖子能遮风挡雨，避免其中的消化液被雨水冲刷稀释。

捕虫囊是一种变态叶，从叶片的末端长出，内壁十分光滑。

117

南方菟丝子

植物"吸血鬼"

　　大多数植物能依靠光合作用获取养分，自力更生。但寄生植物选择"窃取"其他植物的养分，像"吸血鬼"一样寄生而活。寄生植物可大致分为全寄生植物和半寄生植物两类。全寄生植物体内没有叶绿素，几乎没有叶片，完全依靠寄主提供营养，如大花草科、蛇菰科、列当科等植物。半寄生植物既能通过宿主植物获取养分，又能自行进行光合作用，如桑寄生科、檀香科槲寄生属等植物。

菟丝子属

欧洲菟丝子

　　旋花科菟丝子属植物是全寄生植物，其中包含菟丝子、南方菟丝子、大花菟丝子等约 170 种植物，广泛分布于全球热带至温带地区。菟丝子属植物大多没有根和叶片，有的叶片退化为极小的鳞片，茎像细长的线，缠绕攀附在宿主植物之上，并借助吸器进入宿主植物的茎内吸取养分。它们常寄生于豆科、菊科植物上，会危害农作物生长，造成经济损失，属于国际检疫性杂草。

缠绕在树枝上的菟丝子

菟丝子属植物纤细的茎缠绕在其他植物上，常被古人用来比喻依附丈夫的妻子。

寄生植物的生存之道

寄生植物有着各自的"偷懒"技巧，能够寄生在宿主植物的不同部位上。有些寄生于宿主植物的根部，开花时才会破土而出，如蛇菰科植物。有些寄生于茎部，例如缠绕宿主植物而生的菟丝子，以及树木枝条上的桑寄生科植物。寄生植物入侵宿主植物体内，汲取营养，会导致宿主发育不良，甚至死亡。但寄生植物并非"十恶不赦"，它们是自然界不可或缺的成员。科学家发现菟丝子能帮助不同寄主建立抗虫"联盟"，抵御蚜虫的侵害。

杯茎蛇菰　　　　　　　　滇列当

桑寄生科

桑寄生科植物是一类典型的半寄生植物，包含大苞鞘花属、钝果寄生属、离瓣寄生属、油杉寄生属等约 65 属 1300 种植物，主要分布于全球热带、亚热带地区。桑寄生科植物大多为灌木，寄生于树木的枝条上。为了能在高高的枝杈上生存，它们依靠鸟类传播种子，鸟类吃下它们的果实后，种子和未完全消化的果肉随粪便排出，能够粘在树枝上，由此寄生生长。桑寄生科植物会危害宿主植物，云南油杉和高山松遭到油杉寄生属植物寄生后，会逐渐枯死。

和大多数桑寄生科植物一样，红花寄生的种子被黏黏的物质包裹，能够粘在树木上。

大苞鞘花　　　　滇藏钝果寄生　　　　离瓣寄生

红花寄生是桑寄生科梨果寄生属植物，果实呈梨形，长约 1 厘米，外表平滑。

白果槲寄生的果实为球形浆果，中果皮内含有黏性物质。

槲寄生属

檀香科槲寄生属植物是半寄生植物，其中包含槲寄生、白果槲寄生、扁枝槲寄生等 70 多种植物，主要分布于东半球热带、亚热带地区。槲寄生属植物在西方文化中具有独特的象征意义，在许多古老的神话传说中都有它们的身影。例如在古罗马史诗中，森林女神狄安娜的神庙前长着称为"金枝"的槲寄生属植物。在基督教兴起以前的欧洲，这类植物被视为浪漫和活力的象征。之后，它们又逐渐成为圣诞节的典型装饰物。

北欧神话中，光明之神巴德尔号称不会被世间万物伤害，却唯独被"弱小"的槲寄生刺死。

在生长初期，槲寄生的植株呈扇形，之后变成球形，直径可达 150 厘米，远远望去就像挂在树枝上的绿色圆球。

大王花

大花草科大花草属植物可统称为大王花，其中包含大花草、凯氏大花草、菲律宾大花草等20多种植物，分布于马来西亚、印度尼西亚等亚洲东南部国家的热带雨林中。大王花常被人们称为霸王花、腐尸花或食人花，但它们并不是真正的"食肉植物"，而是全寄生植物，主要寄生于葡萄科崖爬藤属植物的根或茎上。1818年，英国政治家莱佛士爵士和植物学家阿诺德首次收集到大花草的标本，让全世界的人们正式认识了这种奇特的植物。

大花草属的属名 *Rafflesia* 源自莱佛士爵士的名字

大花草是世界上最大的花，花冠直径超过1米，重10千克以上。

大王花的生命历程

大王花寄生于其他植物，起初不断吸取营养以形成花芽。花芽突破宿主植物表皮后，大王花的花苞会破土而出。花苞不断长大，花被片渐渐从苞片中显露出来，并慢慢开放。大王花从生出花芽到完全绽放，往往需要9个多月的时间。5天左右的花期之后，大王花很快就会枯萎。传粉成功后，大王花能结出乳白色的果实，动物吃下果实后，种子便能随粪便传播。大王花对生长环境的要求较高，花期也很短，传粉成功率很低，是遭受严重威胁的濒危植物之一。

大王花的臭味

大王花开花后会持续散发出腐肉般的臭味，巨大的花冠也有助于臭味的散播。在生存竞争激烈的雨林中，这种独特的臭味能吸引苍蝇等食腐昆虫进入花朵内部，帮助植物传粉。同时，腐臭气味也能使大王花免遭其他动物采食。个别种类的大王花没有明显臭味。

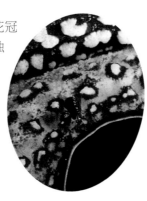

大王花表面的白色斑点也有吸引昆虫的功能

大王花的形态特征

大王花的根、茎、叶都已退化，其寄生器官退化成菌丝体状，能够侵入寄主植物的组织内，以获取营养供花朵生长。大王花雌雄异株，花通常单生，肉质，花冠直径大多超过90厘米。大王花的花冠构造较为独特，每朵花上有5枚花被片，中心部位由隔膜和花盘构成，像一个圆筒，隔膜和花被片表面常有一些白色的斑点。花盘上面有许多小凸起，生殖器官则藏于花盘之下。

藤寄生是大花草科藤寄生属寄生植物

寄生花是大王花的"近亲"，也是中国仅有的大花草科植物。

大王花结构示意图

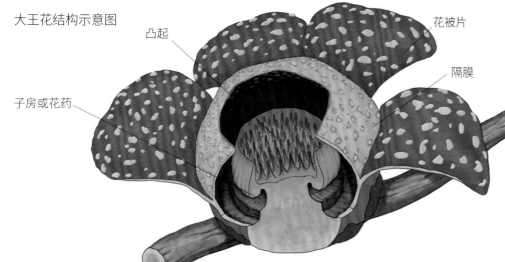

凸起　花被片

子房或花药　隔膜

大王花的开花过程

被苞片包裹着的花苞

花被片渐渐从苞片中显露出来

花被片完全显露出来的花苞

完全绽放的花冠

花期过后枯萎的大王花变成一摊黑色物质

水晶兰大多生长于人迹罕至的密林之中

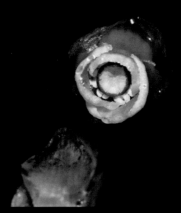

球果假沙晶兰是一种腐生植物，和水晶兰长得很像，柱头颜色是更加神秘的蓝色。

腐生植物

　　腐生植物又称菌根异养型植物，体内没有叶绿素，不能进行光合作用，完全依靠与其共生的真菌获取营养。也就是说，它们只能从森林中的"尸体"——枯枝落叶和腐木中获得养分。中国境内现已发现90多种腐生植物，大多生长在南部湿热阴暗的密林或草地中，起着维护森林生态系统稳定的作用。腐生植物的生存很容易受到环境的影响，其中一些物种可能还没来得及与人类见面，就已悄然灭绝。

水晶兰

　　水晶兰是杜鹃花科水晶兰属草本植物，植株通体白色，近乎透明。水晶兰虽然生长在充满腐殖质的土壤里，但都有着润玉般的神秘外表，因此被誉为"幽灵之花"。实际上，水晶兰并非难得一见的"幽灵"，广泛分布于中国西藏、云南、四川、河北、东北等地，只要知其习性，选择恰当的地点和时机，就可以一睹水晶兰的"芳容"。

水晶兰的花冠直径约1厘米，花期8～9月。

尖唇鸟巢兰

裂唇虎舌兰

川滇叠鞘兰

兰科家族中有多种珍稀的腐生植物

腐生植物与真菌

在整个生命周期内，腐生植物都需要与真菌建立共生关系，以保证自己能在残酷的大自然中生存下来。真菌作为异养微生物，能吸收、分解活体或死亡的动物和植物。同时，真菌又与附近的其他树木或土壤内残留的有机物相连。腐生植物的根与真菌在土壤中形成菌根，菌根可帮助腐生植物间接获取树木的光合产物或动物、植物尸体分解后的有机物。

大根兰是国家一级
保护野生植物

松下兰

松下兰是杜鹃花科水晶兰属草本植物，广泛分布于北温带和中美洲，在中国主要分布于西藏、新疆、青海、山西等地。松下兰在尚未破土时就已经开始生长，甚至在地下时花蕾就已经初开，植株能够与周围落叶的色彩保持高度一致。这些特征都是为了尽可能地保护自己，避免被采食者发现。

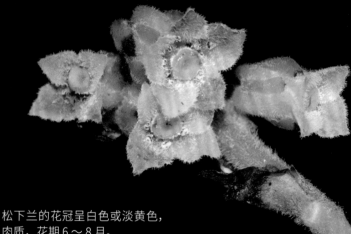

松下兰的花冠呈白色或淡黄色，
肉质，花期6～8月。

天麻

天麻是兰科天麻属草本植物，又称赤箭，广泛分布于中国、尼泊尔、印度、日本等国家，生长在海拔3000米以下的疏林或灌丛中。天麻体内没有叶绿素，不能独立生活，与蜜环菌共生获得营养。蜜环菌侵入天麻的块茎后，散发菌丝侵入块茎皮层深处的细胞。与此同时，天麻分解蜜环菌的菌丝，转化为自身生长所需的营养。由此，天麻、蜜环菌、绿色植物之间构成了一个"食物链"：蜜环菌是营养桥梁，绿色植物是天麻与真菌的"营养仓库"。

天麻的块茎具有一定的药用价值，但因
过度采挖，野生天麻面临着灭绝的危机。

植物的芬芳

有些植物的花瓣组织中具有油细胞，能分泌芳香油，当花朵尽情绽放时，芳香油在空气中扩散，我们就会闻到沁人心脾的花香。香气浓郁的花一般颜色较淡、结构简单，因为它们只靠花香就能吸引传粉动物。花香可以使人精神放松、心情愉悦，所以人们设法提炼出花中的芳香成分，制成精油、香水等，以"留住"花朵的芬芳。

薰衣草

唇形科薰衣草属包含薰衣草、羽叶薰衣草、西班牙薰衣草等20多种植物，主要分布于地中海地区。薰衣草属植物多为灌木，其小小的蓝紫色花组成轮伞花序，并在枝顶聚集成穗状花序，花中含有丰富的芳香油，是制造香水、香皂等产品的重要原料。薰衣草属植物还是一种迷人的观赏植物，每到夏季时，人们可以在法国普罗旺斯、中国新疆等地看到浪漫的薰衣草花海，享受空气中淡雅的香气。

薰衣草长有唇形花，花期6月。

薰衣草萼片的缝线上有小腺体，能分泌芳香油。

薰衣草的叶片呈细长的线形

西班牙薰衣草的花序顶端有更加醒目的苞片

木樨

木樨科木樨属包含 30 多种植物，常见的有木樨、厚边木樨、小叶月桂、野桂花等。其中，木樨又称桂花，为乔木或灌木，最初分布于中国西南部，现于中国各地广泛栽培，是中国十大名花之一。在中国神话故事中，月宫中有一棵永远不死、随砍随合的桂花树。现实中的木樨虽没有那样神奇的能力，但四季常青，花期 9～10 月，每到秋季就会绽放出香气扑鼻的花朵。

木樨的聚伞花序簇生于叶腋，花冠直径 3～4 毫米。

根据花朵色彩的不同，木樨还有金桂、银桂、丹桂等名称。

薄荷

薄荷是唇形科薄荷属草本植物，分布于北半球温带地区，多生长在山野湿地、河旁，中国大部分地区均有栽培。薄荷的茎和叶片具有独特的清凉气味，人们从中提取出的薄荷脑，可用于制作糖果、饮料、牙膏、清凉油等产品。

薄荷的叶缘有粗锯齿

薄荷的轮伞花序生于叶腋处，花期 7～9 月。

依兰

依兰是番荔枝科依兰属乔木，又称香水树、依兰香等，最早出现于缅甸、印度尼西亚等亚洲东南部国家，现于全球热带地区均有栽培。依兰的花冠直径约 8 厘米，开放时下垂，就像树枝上长出了黄绿色的爪子。从依兰花瓣中提取的芳香油，香味十分浓郁，常用于制作香水或化妆品。

依兰花期 4～8 月

茉莉花

茉莉花是木樨科素馨属灌木，又称茉莉，最早出现于印度、斯里兰卡等国家，宋朝时期被引入中国并广泛栽培。茉莉花的花冠小而洁白，散发出扑鼻的清香，花期 5～10 月。江苏民歌《茉莉花》歌咏了这一芬芳美丽的植物。

茉莉花在 7～8 月开得最盛

▲ 自然DIY

香花手环

家中养的茉莉开花时，你可以采下其中几朵，用针线将花朵们串在线绳上。过程中动作尽量轻柔，不要破坏花的完整，也不要扎伤自己。串好之后打结，你便可得到一串香花手环，时刻与清新动人的花香为伴。

纤维作物

植物纤维是天然纤维的一类，来源于植物的茎、叶等器官，具有一定的强度和韧性，可广泛用于纺织、造纸等工业中。为了获取植物纤维，人类很早就开始种植、驯化纤维作物，常见的纤维作物有陆地棉、亚麻、剑麻等。纤维作物对人类生活影响巨大，以它们为原料制作的衣服保暖美观，造出的纸张可以记载历史、传承文明，建造的房屋则为人类提供了安全舒适的居住环境。

棉铃成熟后开裂，露出被棉纤维包裹着的种子。

棉花十分轻柔，可经受海水腐蚀，保护种子。

陆地棉

陆地棉是锦葵科棉属草本植物，又称美洲棉、大陆棉等，最早出现于墨西哥，19世纪末传入中国，如今已成为全球广泛栽培的纤维作物。陆地棉的花多在清晨开放，刚开时呈白色，到下午变为粉红色或红色，到第二天会变得更红，甚至带有紫色，最后变为灰褐色并脱落。陆地棉的果实为蒴果，又称棉铃，成熟时开裂。在它的种子表面有白色的纤维，又称棉花，具有透气性好、柔软、保暖等优点。

棉布、牛仔布、灯芯绒等布料都是以棉花为原材料制成的

陆地棉的花朵颜色会不断加深，花期夏秋季。

剑麻

剑麻是天门冬科龙舌兰属草本植物，因叶片似剑而得名，又称凤尾兰、菠萝麻等，是全球最重要的纤维作物之一。剑麻最早出现于墨西哥，中国华南及西南等地有引种栽培。剑麻株高 1.5～2 米，叶片呈莲座状排列，肉质化，最长可达 2 米，叶纤维粗硬，具有拉力强、耐水湿、耐腐蚀等优点。

棕榈树高 3～10 米，叶片接近圆形，深裂成线形的裂片。

剑麻生长 6～7 年后可开花，粗壮的花茎可高达 6 米。

人们切割下剑麻叶后，粗短的茎显露出来，宛若巨大的菠萝。

棕榈

棕榈是棕榈科棕榈属乔木，又称棕树、栟榈等，主要分布于温暖湿润的热带地区。棕榈的叶鞘纤维具有拉力强、耐摩擦、抗腐蚀和抗虫蛀的优点，可用来制造绳索和刷具。棕榈树形优美，常被栽于道路两旁观赏。

亚麻

亚麻是亚麻科亚麻属草本植物，又称鸦麻、壁虱胡麻等，最早出现于地中海地区，现于欧洲、亚洲温带地区多有栽培。亚麻是一种古老的纤维、药用和油料作物，它的韧皮纤维细长而有光泽，质地强韧。

亚麻花冠呈漏斗状，花期 6～8 月。

亚麻果期 7～10 月，种子可榨油。

古埃及人在 1 万多年前就开始使用亚麻，用亚麻布条为木乃伊防腐。

亚麻的茎直立，其纤维耐磨、耐腐蚀、不易透水，是制造缆绳的良好材料。

毛竹的竹秆高度可达 20 多米，粗可达 20 多厘米。

竹子

　　禾本科植物在全球各地分布广泛，包含约790属11000种植物，其中有一类特殊的高大植物——竹子。竹子是人们对禾本科竹亚科植物的统称，包含刚竹属、箭竹属、慈竹属等约80属1000种植物。中国约有40属500种竹子，是世界上竹子种类最多、栽种历史最久、产量最大的国家。竹子的形态端直挺拔，枝叶婆娑，四季常绿，与梅、兰、菊并称为"花中四君子"。竹子还是重要的纤维作物，被广泛应用于建筑、家具、造纸和编织品中。

毛竹

　　毛竹是禾本科刚竹属植物，又称南竹、猫头竹等，主要分布于中国长江以南地区，是中国栽培悠久、面积最广、经济价值最重要的竹子。毛竹的竹秆可用作建筑材料，竹篾可用来编织各种生活用具，竹梢可以制成扫帚，从毛竹中提取出的植物纤维还可以造纸。毛竹竹笋味道鲜美，可鲜食或加工成玉兰片、笋干等食品。

龟甲竹是毛竹的园艺品种

华西箭竹

　　华西箭竹是禾本科箭竹属植物，竹秆长 10 ~ 13 厘米，粗 1 ~ 2 厘米，是一种较为细小的竹子。华西箭竹主要分布于中国西南部，多生长在海拔 2400 ~ 3200 米的高山针叶林中，是大熊猫的食物之一。华西箭竹开花后会枯萎而死，当华西箭竹成片枯萎，大熊猫们就不得不寻找其他种类的竹子充饥。

大熊猫每天要食用大量鲜竹，排出的粪便中有许多未消化的竹纤维，气味清香。

竹子的地下茎

竹子可以通过开花结籽繁衍，但花期间隔时间较长，由种子长成植株的速度也较慢。利用地下茎发育新竹是更简单高效的繁衍方式。竹子常成片生长，茂密的竹秆通过盘根错杂的地下茎连接在一起。地下茎在土中横向生长，节上生根，节侧有芽。一些芽可以成长为竹笋，钻出地面长成新的竹秆。另一些芽则成为新的地下茎，不断地扩展着竹子的"领地"。

地下的新芽受到春雨的滋润后，会迅速破土而出，长出竹笋。

竹子的地下茎又称竹鞭

纸张发明之前，人们将竹秆削成细长的竹简，在上面记录文字。

竹笋的内部结构对应着竹秆中空、多节的特征

竹子的应用

竹子质地坚韧，取材方便，早在新石器时代就被人们利用起来。到今天，看看那些带有"竹字头"的汉字，就可以知道竹子在生活中的广泛应用：吃饭用竹筷，下雨戴竹笠，过河乘竹筏，打仗射竹箭，节庆时挂灯笼，乐器中更有箫笛筝笙……竹子结构致密，材质力学强度大，具有抗压、抗拉、抗磨等优点。竹子还非常适合作为建筑材料，中国用竹子建造房屋已有2000多年的历史。

竹秆

竹子的茎秆称为竹秆，由竹笋发育而成，雨水充沛时生长极快，有些种类的竹秆1天就能长高1米。竹子种类众多，竹秆形态多样，大多端正通直，呈圆柱形，表面有明显的节。不同竹子的竹秆高度和直径有很大差异，例如鹅毛竹的竹秆只有几十厘米高，龙竹则能长到30米以上。大多数竹秆是中空的，也有些种类的竹秆近乎实心，如木竹。

低矮的鹅毛竹

佛肚竹的节间短缩

黄槽竹的竹秆下部弯折

高大的粉单竹

斑竹的竹秆上有斑点

紫竹的竹秆呈紫黑色

文明的"功臣"

　　纸张主要以植物纤维为原料制成，可用于书写、绘画、印刷、包装等，是人类思想、科学、艺术等几乎所有文明要素得以记载和传承的重要载体，在人类社会发展的历史上起着重要作用。因此，用于造纸的植物原料称得上是人类文明的"功臣"。造纸术由中国率先发明，是中国古代四大发明之一。

据统计，中国造纸的原料中，废纸占比约60%。

纸莎草

　　纸莎草是莎草科莎草属草本植物，主要分布于欧洲南部、非洲北部以及亚洲西部，对古代文明影响深远。古埃及人将纸莎草的茎劈成细条，将它们排成一层后，再按垂直方向排上一层草秆，把这两层草秆压实，干燥处理后就成为可供书写的莎草纸。莎草纸曾被希腊人、腓尼基人、罗马人、阿拉伯人使用，历经3000年不衰。直到约8世纪，中国造纸术传到阿拉伯地区，莎草纸才渐渐被取代。

莎草纸只是一种十分粗糙的书写材料，制作过程中，纸莎草的纤维并未被分解。

纸莎草的茎直立，叶片从茎的顶端长出来。

植物纤维与造纸术

大约在西汉初年，中国已出现用麻类植物制成的纸，这种纸比较粗糙，并没有被广泛采用。到东汉时，宦官蔡伦以树皮、麻布、渔网为原料，发明了较为成熟的造纸技术，被后人不断改进，沿用至今。现代造纸工业的原材料来源更加广泛，植物纤维、动物纤维以及矿物纤维均可利用。其中，植物纤维的主要来源是木材，落叶松、红松、桦木等乔木均可用于造纸。

青檀

青檀是大麻科青檀属乔木，又称檀、翼朴等，为中国特有的珍稀植物，多生长在海拔 100 ～ 1500米的山地疏林中。青檀是制造毛笔书画用纸的重要原料。唐宋以来，皖南山区宣州、歙州管辖的宣城等地盛产的高级纸张，称为宣纸。明清时期，人们发现青檀的树皮纤维长度适当、质地优良，掺入一定比例的沙田稻草，可制成材质更优秀的宣纸。

青檀树高可达 20 米以上，树皮呈灰色。

青檀的果实为翅果，果期 8 ～ 10 月。

以青檀制成的宣纸洇墨性好，能表现多样的墨色变化，明清时期的写意山水画多是用这种纸张绘制的。

构树

构树是桑科构树属乔木，又称褚、谷桑等，广泛分布于中国各地。构树高 10 ～ 20 米，树皮平滑，小枝和树皮纤维发达、坚韧，其中长而柔软的树皮纤维，可用于制造桑皮纸、宣纸等纸张。构树的叶片形态多变，花期 4 ～ 5 月，果期 6 ～ 7 月，聚花果肉质，成熟时就像一颗红色的小球。

结香的头状花序由30 ～ 50 朵小花组成，花期冬末春初。

构树的树皮呈暗灰色　　　　构树的果实

结香

结香是瑞香科结香属灌木，又称打结花、梦花、三叉树等，分布于中国河南、陕西及长江流域以南地区。结香的枝条十分柔软，韧性强，即使被打成一个结也不会折断，可用来编织提篮、茶盘等藤器。结香全株可入药，可栽培供观赏，还能用来制造高级纸张，纸币的制作原料之一就是结香。

结香株高约 1 米，小枝粗壮，韧性强。

中国靛蓝制品在国际市场上素负盛名，早在隋唐时期已流传至西亚和欧洲地区。

植物染料

古时候，人们希望身上的衣物可以像大自然一样绚丽多彩，便尝试从植物的根、叶、花中提取染料，印染布料，并由此发展出套染、媒染、蜡缬等多种工艺。中国古代以青、赤、黄、黑、白为正色，其中赤色可使用茜草、红花染制，青色可使用蓼蓝、菘蓝等蓝草染制，黄色可用栀子染制，黑色则可用乌桕染制。19世纪以来，植物染料逐渐被合成染料取代，但人们对鲜艳色彩的喜爱从未改变。

蓝草

用于制取靛蓝染料的草本植物可统称为蓝草，包括蓼蓝、菘蓝、木蓝、马蓝等植物。蓝草的茎叶中含有靛甙，这种物质经水解发酵之后能产生靛白，经日晒、空气氧化后形成靛蓝，能够将布料染成深蓝色。中国用植物制取靛蓝可追溯到2000多年前。19世纪末，人们研究出化学合成靛蓝的方法，很多种蓝草已被完全取代。

木蓝

蓼蓝

欧洲菘蓝

茜草长有轮生叶序，花期4～9月，果期10～11月。

茜草

茜草是茜草科茜草属草质藤本植物，分布于中国东北、华北、西北等地，朝鲜和日本也有分布。直接使用茜草染色只能得到浅黄色，加入媒染剂后才可得到赤、绛等红色调的颜色。古人使用茜草的历史悠久，据《史记》记载，如果种植"千亩卮茜"，其收益可与"千户侯"一样。由此可见，作为染料原料的茜草和栀子，在古代是非常重要的经济作物。

茜草的根状茎和须根均呈红色，可用于提取染料。

红花

红花是菊科红花属草本植物，又称红蓝花、刺红花等，主要分布于亚洲，中国河南、新疆、四川等地有种植，花果期5～8月。红花的花瓣中含有红色色素与黄色色素，皆溶于碱性溶液，但具有染色价值的红色色素不能溶于酸性溶液，中国古人利用这种特性提取红花中的红色色素。《齐民要术》中就记载了分别利用草木灰和发酵的饭浆浸泡花瓣，提取红花中红色色素的方法。用红花制成的染料，适用于多种纤维的染色，颜色鲜艳亮丽，有诗赞道："红花颜色掩千花，任是猩猩血未加。"

虽名为红花，实际上它的花冠呈橘红色。

栀子

栀子是茜草科栀子属灌木，又称水横枝、黄果子等，主要分布于亚洲，中国各地广泛栽培。成熟的栀子果实可用于提取栀子黄，即一种略带红色的黄色色素。栀子黄的着色力强，具有耐光、耐热、耐酸碱、无异味等特点，不仅适用于印染布料，还能用于制作水墨画颜料。现在人们还常将栀子黄用于化妆品、糖果、饮料等产品中。栀子是秦汉以前应用最广的黄色染料原料，马王堆汉墓出土的染织品就是以栀子染上黄色的。

栀子果期5月～翌年2月

乌桕的叶片近似菱形，可将织物染成黑色。

栀子花期3～7月，花大而美丽，具有迷人的芳香。

▲ 自然DIY

草木拓染

首先将一块白布置于硬纸板上，上面平放叶片，再将另一块白布铺在上面。取一块小石头，轻轻敲打叶片，直到汁液完全渗出。之后将布料放在温热的盐水中，浸泡一会儿后轻轻揉搓清洗。晾干之后你就能得到一块印上植物图案的手帕啦！

树干里的秘密

有些植物的树干内部，蕴藏着丰富的流体物质——树液。树液可分为木质部树液和韧皮部树液两种，能为整株植物提供生长所需的水分和养分，还能起到保护树木的作用。许多动物以树液为食，人类也会提取某些植物的树液，加工成食品或工业制品。

龙血树

天门冬科龙血树属植物为乔木，其中包含龙血树、剑叶龙血树、索科特拉龙血树等 50 ~ 100 种植物，主要分布于非洲和亚洲的热带、亚热带地区，中国有 6 种。龙血树属植物的树皮被割破或遭昆虫蛀洞后，在多种真菌的侵入作用下，树干伤口处会分泌出深红色的树脂，就像流出血液一般。

剑叶龙血树主要分布于中国云南南部和广西南部

龙血树最高可达 15 米，茎粗大，叶片簇生在树枝的顶端。

龙血树流出的红色树脂称为龙血或血竭

凝固的血竭

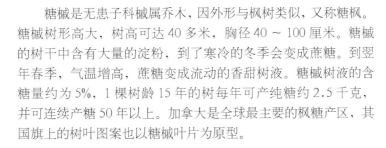

糖槭叶片到秋季时
转变成鲜艳的红色

糖槭

糖槭树汁经过蒸馏提纯，
成为棕黄色的枫糖浆，
吃起来甘甜爽口。

糖槭

糖槭是无患子科槭属乔木，因外形与枫树类似，又称糖枫。糖槭树形高大，树高可达 40 多米，胸径 40～100 厘米。糖槭的树干中含有大量的淀粉，到了寒冷的冬季会变成蔗糖。到翌年春季，气温增高，蔗糖变成流动的香甜树液。糖槭树液的含糖量约为 5%，1 棵树龄 15 年的树每年可产纯糖约 2.5 千克，并可连续产糖 50 年以上。加拿大是全球最主要的枫糖产区，其国旗上的树叶图案也以糖槭叶片为原型。

春天来临时，人们在糖槭树上凿
个洞，甜蜜的树液会从中流出。

橡胶树

橡胶树是大戟科橡胶树属乔木，最早出现于南美洲亚马孙河流域，现广泛栽培于亚洲热带地区。橡胶树的树干中含树胶，可制成橡胶，广泛应用于工业中。与其他含胶植物相比，橡胶树具有两大优势：一是树木高大，树高可达 30 米，含胶量多；二是寿命长，1 棵树可以持续不断地提供树胶 30～40 年。

橡胶可用来制作手套、
气球、雨靴等物品

橡胶树的种子呈椭
圆形，表面有斑纹。

将橡胶树的树皮轻轻割开，
白色的树胶就会流出来。

橡胶树的指状复叶

趣说草木

橡胶树与轮胎

1887 年，英国兽医邓禄普看到有人在骑车，那时的自行车轮胎是实心的，骑起来很难受。

邓禄普灵机一动，认为可以把空气打进橡胶轮胎，使之更有弹性，增加缓冲。

以邓禄普的设想为基础，1888 年，世界上第一个使用橡胶制作的空心轮胎诞生。

1895 年，世界上第一辆使用充气轮胎的汽车问世。从此，橡胶开始"转动"世界。

糖槭

植物之最

世界之大，无奇不有，植物界也是如此。在种子、叶片、花等器官的形态和大小方面，不同物种之间的差异极大，其中有几种植物挑战着生物的极限，丰富着我们的世界。在纷繁绚丽的植物王国中，你知道哪些世界之最呢？让我们一起大开眼界吧！

王莲的花初开时呈白色，之后渐渐变为深红色，并沉入水中。

王莲叶片的背面有放射状排列的粗壮叶脉

王莲

睡莲科王莲属包含王莲、克鲁兹王莲等植物，是世界上叶片最大的一类植物，最早出现于南美洲亚马孙河流域。王莲的叶片像一个大圆盘，直径 1.8～2.5 米，最大的可达到 3 米以上。它的叶脉很像伞骨，使叶片具有很大的浮力，可承重 60～70 千克，体重较轻的孩子坐在王莲叶片上也不会下沉。王莲的花大而美观，果实为大型浆果，花果期 7～9 月。

王莲的浮水叶很大，叶缘上翘成盘状，叶片背面有刺。

巨魔芋

　　世界上最大的花是大王花，而最大的花序当属巨魔芋。巨魔芋是天南星科魔芋属草本植物，是世界上最珍稀的植物之一。它的外形十分奇特，巨大的佛焰苞包裹着柱子一般的肉穗花序，花序长度可达 3 米以上，开花时会散发出刺鼻的腐烂臭味。巨魔芋主要分布于印度尼西亚苏门答腊岛西部巴里赞山脉的热带雨林中，随着雨林生态被破坏，野生的巨魔芋已十分少见。

巨魔芋的肉穗花序上有许多小花，雄花位于雌花上方。

海椰子的叶片面积可达 27 平方米

海椰子的雄花序

与核桃相比，海椰子的种子堪称"庞然大物"。

海椰子

　　在印度洋上的塞舌尔群岛上，生长着一种珍奇植物——海椰子。海椰子是棕榈科巨子棕属乔木，树高可达到 30 米以上，被誉为"树中之象"。海椰子的种子也大得惊人，重 10 ~ 30 千克，堪称世界上最重、最大的种子。海椰子的种子十分珍贵，因为其植株的生长速度极慢，需生长 25 年以上才能开花结果，果实在树上生长 8 年才能完全成熟，仅能孕育出 1 枚种子。

芜萍

　　芜萍是天南星科无根萍属草本植物，是世界上最小的种子植物。芜萍结构简单，没有根和茎，只有类似叶片的叶状体，漂浮于水面中，细小如沙。芜萍主要靠无性繁殖来繁衍后代，在全球各地都有分布，多生长在静水池沼中。芜萍富含淀粉、蛋白质等营养物质，常被用来喂养鱼、鸭等动物。

芜萍直径约 1 毫米

巨魔芋开花时会散发出臭味，诱骗苍蝇等食腐昆虫前来觅食，为它传粉。

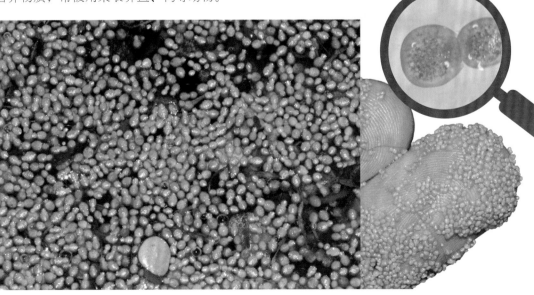

粮食作物

植物是人类最重要的食物来源之一，饱含淀粉的粮食作物不仅能填饱人们的肚子，还是喂养家畜、家禽的饲料。禾本科包含多种影响深远的粮食作物，如稻子、小麦、玉米、谷子、高粱等，世界上大多数国家和地区以这些谷物为主要粮食。除此之外，豆类和薯类也可当成粮食来吃。人类很早就开始驯化、种植各种粮食作物，不同地理环境中的粮食作物影响了各民族的饮食文化。

经人类长期驯化的大麦，其颖果成熟后也不会掉落下来，便于采收。

粮食作物的起源

在距今1万多年前，人类的祖先通过观察，逐步了解并熟悉了一些植物的生长规律，慢慢懂得了如何栽培作物。野生的禾本科植物，成片地生长在人类的聚落附近。人们从中选育出籽粒饱满、产量较高的品种，逐渐栽培出多种多样的粮食作物。粮食作物是人类最早驯化栽培的植物，通过研究古遗迹中残存的谷粒，考古学家能了解古人的饮食习惯和农业水平，进而判断当时的社会经济状况。

藜麦是南美洲居民的传统粮食作物，目前在中国青海、内蒙古等地也有栽培。

青稞是大麦的变种，是中国藏族人民的主要粮食作物。

番薯是来自美洲的粮食作物

黍　小麦　糙米　玉米　稻米　荞麦　大麦

粟的果穗

粟

　　粟是禾本科狗尾草属草本植物，又称谷子，谷粒去壳后称为小米。粟由狗尾草驯化而来，中国是世界上最早开始种植粟之一。粟曾是中国最重要的粮食作物之一，甲骨文中的"禾"就是根据粟的植株形态创造出来的。

狗尾草的幼苗古称莠，与粟的幼苗极为相似，成语"良莠不齐"由此而来，比喻好人和坏人混杂在一起。

黍又称稷，谷粒比粟稍大，曾是中国最重要的粮食作物，因此古人以"社稷"指代国家。

普通小麦

　　普通小麦是禾本科小麦属草本植物，又称小麦，由一粒小麦、节节麦和拟斯卑尔脱山羊草等植物培育而来，是分布最广的小麦属植物。将普通小麦的颖果加工成面粉，可以制成馒头、面包、面条等食物，小麦麸皮可用作饲料，麦秆还可用于造纸或编制器物。小麦属包含普通小麦、硬粒小麦、波斯小麦等 20 多种植物，是世界上栽培面积最大的粮食作物，最早出现于亚洲西部，栽培历史可追溯到约 1 万年前。

普通小麦的穗状花序　　麦芒可促进水分蒸腾

用燕麦谷粒可制成麦片

燕麦

燕麦

　　在农田中，常常生长着一些与农作物十分相像的杂草，难以被准确分辨，因此无法被彻底清除。但令人头疼的杂草，也能被驯化培育，成为新的作物，燕麦便是一个典型的例子。燕麦是禾本科燕麦属草本植物，由野燕麦驯化而成，最初是长在麦田中的杂草，外形与小麦相近。燕麦主要分布于欧亚大陆的温带和寒带地区，中国内蒙古、河北、山西等地种植较多，其谷粒可作为粮食或饲料。

玉蜀黍

　　玉蜀黍是禾本科玉蜀黍属草本植物，又称玉米、苞谷、苞米、棒子等，最早出现于墨西哥和中美洲，1494 年哥伦布把它带到了欧洲，玉蜀黍便很快传播到全球各地。大约 16 世纪初，玉蜀黍传入中国，产生了糯质玉米等新品种。玉蜀黍堪称人类驯化最成功的谷物，其生命力顽强，产量高，目前占世界粮食产量的 1/3 以上。并且，它能用于酿酒、制糖、制油，其秆、穗、叶经过加工，是营养丰富的家畜饲料。

同一个玉米棒上可以长出颜色各异的玉米粒

玉米须是残存的花柱和柱头

掰断玉米棒子，截面上的果粒数量是 12、14、16 等偶数。

玉米的苞叶

芝麻花通常会均匀地着生于茎上，俗语"芝麻开花节节高"就是根据它的花序形态引申而来的。

油料作物

　　油脂能为人体提供能量，油料作物是人类获取油脂的重要来源之一。常见的油料作物有大豆、油菜、落花生、芝麻、向日葵、油棕、木樨榄等，它们的果实或种子中含有较多油脂，可以供人们压榨植物油。除了食品加工以外，油料作物还可作为工业产品和药物的原料，用途十分广泛。

胡桃

　　胡桃是胡桃科胡桃属乔木，又称核桃，最早出现于伊朗，西汉时传入中国，如今在中国平原及丘陵地区常见栽培。胡桃花期5月，果期10月，果实近球形，有柔软的绿色外果皮和坚硬、多褶皱的内果皮。内果皮中的种仁富含油脂，既可生食、制作糕点，又能榨油。

核桃的外果皮成熟后会不规则地开裂

芝麻

　　芝麻是芝麻科芝麻属草本植物，又称油麻、脂麻、胡麻等，最早出现于印度，汉朝时传入中国，现在已成为全球各地广泛种植的油料作物。芝麻株高可达1米，花期夏末秋初，花冠呈筒状，蒴果呈矩圆形，内含种子。芝麻种子含油率高，可供人食用或榨油。

芝麻的果实表面有纵棱和绒毛，其中有黑色或白色的种子。

木樨榄

　　木樨榄是木樨科木樨榄属乔木，因其果实产油又形似橄榄，又称油橄榄。木樨榄最早出现于地中海地区，以葡萄牙、西班牙、意大利、希腊等国家栽培最多，花期 4～5 月，果期 6～9 月。用木樨榄果肉榨取的橄榄油容易被人体消化吸收，在食品工业、制药工业、轻工业方面均有特殊用途。

木樨榄

落花生

　　落花生是豆科落花生属草本植物，又称花生、长生果、地豆等，最早主要分布于南美洲，16～17 世纪传入中国。落花生分枝下端的花授粉成功后会钻入土中，在地下发育成荚果，每个荚果中有 2～6 粒种子。落花生的种子含有丰富的油脂和蛋白质，可直接食用或榨油，还是制作肥皂等工业产品的原料。

落花生的茎直立或匍匐，花果期 6～8 月。

"麻屋子"似的果壳
包裹着落花生的种子

在《圣经》故事中，白鸽口衔木樨榄枝条飞回挪亚方舟，报告洪水退去的消息，木樨榄由此成为和平的象征。

紫苏的叶片

紫苏

　　紫苏是唇形科紫苏属草本植物，又称白苏、苏麻、水升麻等，于全球各地广泛种植。紫苏的茎叶含芳香油，可入药或作香料，花果期 8～12 月。用其种子榨成的苏子油可供人食用，还可用于工业制造中，发挥防腐作用。

紫苏的种子

油棕

　　油棕是棕榈科油棕属乔木，又称油椰子，主要分布于非洲，是重要的热带油料作物，被誉为"世界油王"。油棕的果实榨油可供人食用或用于工业制造中，花期 6 月，果期 9 月。种植油棕是亚洲东南部和非洲地区人们的重要经济来源，但由于大面积开垦农田，当地雨林已遭到严重破坏。

用油棕制成的食用油常
用于加工方便面、
薯片等食品

油菜

　　十字花科芸薹属多种油料作物可统称为油菜，包括芸薹、油白菜、欧洲油菜等植物，栽培历史悠久，中国和印度是世界上栽培这类植物最早的国家。油菜的果实为角果，内含球形的种子。种子榨油可供人食用或用于工业制造中。

欧洲油菜的总状花序由几十朵
黄色的十字形小花组成

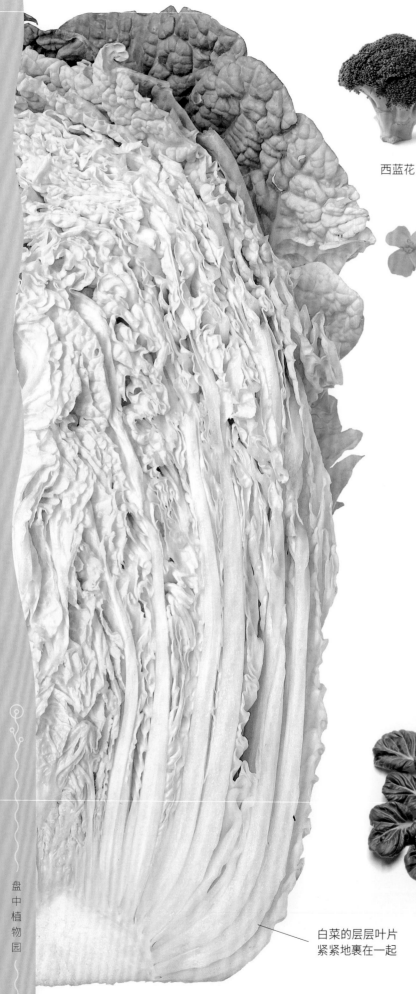

西蓝花

花椰菜

紫甘蓝

球茎甘蓝

十字花科蔬菜

十字花科包含芸薹属、萝卜属、菘蓝属、紫罗兰属等约330属，有3500多种植物，主要分布于北温带地区，尤以地中海地区分布较多，中国有400多种。十字花科中有许多重要的经济作物，其中芸薹属和萝卜属是中国主要的蔬菜及油料作物，包含白菜、甘蓝、芥菜、萝卜等常见蔬菜。

白菜

白菜是芸薹属草本植物，又称大白菜，古称菘，最早出现于中国，栽培历史悠久，是中国北部最常见的蔬菜之一。白菜的叶柄肥厚多汁，叶片宽大，结球性强，花期5月，果期6月。在物产匮乏的年代里，人们会提前贮藏一些白菜，以便在冬季食用。在长江流域备受欢迎的蔬菜"小白菜"，学名为青菜，也是一种芸薹属植物。

白菜的层层叶片
紧紧地裹在一起

中国古人吃到的白菜近似
于塌棵菜，叶片较分散。

青菜的嫩叶可供人食用

生长之初，甘蓝的叶片排布分散。

过一段时间，甘蓝的叶片渐渐合拢起来。

最终，叶片紧包成圆球形，长成一颗"卷心菜"。

甘蓝

抱子甘蓝的叶芽可作为蔬菜食用，直径 2 厘米左右。

甘蓝

甘蓝是芸薹属草本植物，又称卷心菜、洋白菜、莲花白、包菜等，其植株矮且粗壮，叶片层层包裹成球状，叶球直径 10 ～ 30 厘米或更大，花期 4 月，果期 5 月。甘蓝类植物最早出现于地中海地区，由野生甘蓝演化而来，经过长期的人工栽培和选育，出现了花椰菜、西蓝花、抱子甘蓝、球茎甘蓝等众多的栽培品种群。

芥菜

芥菜是芸薹属草本植物，现有很多的子用、叶用、茎用、芽用和根用变种，是中国特有蔬菜。新鲜芥菜大多具有浓烈的刺鼻气味，将其腌制可有效地减弱甚至去除辛辣味道。许多腌制菜都以芥菜为原料，如梅菜和雪里蕻分别以叶用芥菜的不同品种加工而成，而榨菜的原料是茎用芥菜。

芥菜的种子可榨油，还可研磨成黄芥末。

茎用芥菜肉质化的缩短茎可用来腌制榨菜

萝卜

萝卜是萝卜属草本植物，又称菜头、莱菔等，地中海地区为其最早的起源中心。我们平时食用的部分是萝卜肥大的肉质根，其中含有丰富的糖分和维生素，以及有助消化的淀粉酶。萝卜的栽培品种很多，根有圆锥形、球形、圆柱形等不同形状，外表皮呈白、绿、红、紫等颜色，花期 4 ～ 5 月，果期 5 ～ 6 月。

"表里不一"的萝卜品种

外表皮呈绿色的萝卜品种口感清脆，甘甜微辣。

▲ 自然DIY

萝卜"出汗"了

把一块新鲜的萝卜放入碗中，倒入一些浓盐水。过一会儿，你会看到碗里的水变多了。这是因为盐溶液的密度大于萝卜细胞液的密度，萝卜细胞中的水分因此而渗出，就像出汗一样。人们在腌制咸菜前会反复进行类似的步骤，去除蔬菜中的水分。

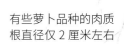

有些萝卜品种的肉质根直径仅 2 厘米左右

形态各异的番茄果实

花青素含量较高
的品种果实表皮
呈紫黑色

有些品种的果实
表面凹凸不平

茄科蔬菜

茄科包含茄属、曼陀罗属、颠茄属、枸杞属、烟草属等约95属，有2300多种植物，广泛分布于全球温带及热带地区，以分布在美洲热带地区的种类最为丰富，中国有100多种。茄科中有一些有毒的植物，也有茄属、番茄属、辣椒属等安全而美味的种类，其中包含茄、番茄、辣椒、阳芋等多种常见的蔬菜。

番茄

番茄是番茄属草本植物，又称蕃柿、西红柿、洋柿子等，最早出现于南美洲西部的安第斯山脉一带。16世纪传入欧洲时，番茄曾被视为有毒的"狼桃"，传说一位法国画家第一次大胆品尝了番茄，才发现了它的安全与美味。明朝万历年间，番茄传入中国，到今天已成为我们最喜爱的蔬菜之一。番茄的果实呈扁球状或近球状，汁水充盈，花果期夏至秋季。

有些品种的果实较小，
又称圣女果。

丰富的汁液能抑
制种子过早发芽

有些品种的果实成
熟后还是绿色的

番茄成熟过程中，果实中的叶绿素渐渐消失，茄红素增加。

茄子的花冠呈辐状，茄科植物都长有类似的花。

茄子的小枝、叶柄和叶脉也多呈紫色

茄

茄是茄属草本植物，又称茄子、落苏、矮瓜等，最早出现于亚洲热带地区，于公元 4 ~ 5 世纪传入中国。茄子的浆果可供人食用，果实呈球圆、扁圆、长条等形状。茄子的果皮颜色与其中的天然色素相关，花青素含量较高的为深紫色，含量较低的则为绿色或乳白色。

阳芋

阳芋是茄属草本植物，又称马铃薯、山药蛋、土豆等，最早出现于美洲热带地区。目前，中国是世界上阳芋产量最高的国家。和其他茄科植物不同，阳芋供人类食用的部位是它的块茎，其中含有淀粉、蛋白质和多种维生素，被誉为"地下苹果"，可作为粮食或蔬菜食用。

马铃薯块茎的外皮呈白、黄、淡红、紫等颜色

发芽、变绿的马铃薯中含有大量龙葵碱，人食用后会中毒。

辣椒

辣椒是辣椒属草本植物，最早出现于南美洲，明朝时期传入中国。辣椒的果实中含有辣椒素，会使人产生疼痛感，这是用来抵御昆虫、哺乳动物等采食者的"武器"。鸟类感受不到辣椒素的威力，可以吃下果实，帮助辣椒传播种子。人类对辣椒素的耐受程度不同，因此栽培出了辣度各不相同的菜椒、朝天椒、簇生椒等变种和品种。史高维尔指标（Scoville Heat Unit，简称 SHU）可用来衡量辣椒素含量，指标越高的辣椒就越辛辣。

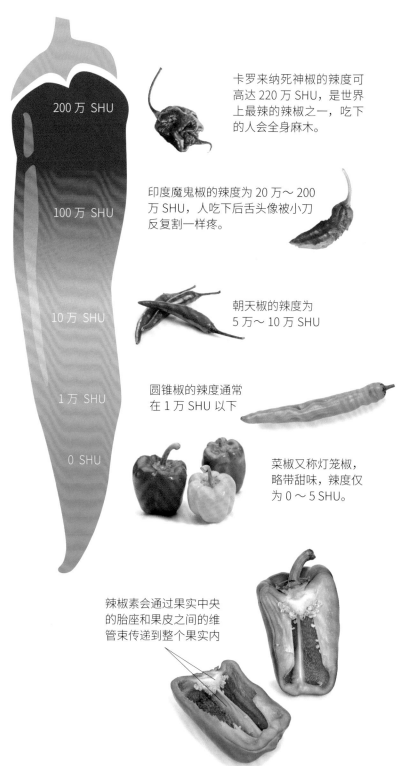

200 万 SHU

100 万 SHU

10 万 SHU

1 万 SHU

0 SHU

卡罗来纳死神椒的辣度可高达 220 万 SHU，是世界上最辣的辣椒之一，吃下的人会全身麻木。

印度魔鬼椒的辣度为 20 万 ～ 200 万 SHU，人吃下后舌头像被小刀反复割一样疼。

朝天椒的辣度为 5 万 ～ 10 万 SHU

圆锥椒的辣度通常在 1 万 SHU 以下

菜椒又称灯笼椒，略带甜味，辣度仅为 0 ～ 5 SHU。

辣椒素会通过果实中央的胎座和果皮之间的维管束传递到整个果实内

苦瓜果实成熟后开裂，露出其中的种子，果实表皮由绿色逐渐变为黄色。

奇怪的味道

　　蔬菜是人类获取维生素、矿物质和纤维素的重要来源。但对大多数小朋友来说，吃蔬菜可不是一件轻松的"任务"。尤其是芫荽、葱、蒜等，那刺激的气味就连许多成年人都避之不及。可能你现在无法接受这些蔬菜的味道，但也许长大以后，你也能体会到这些特殊气味的美妙之处。当然，就算你始终无法接受它们也没关系，植物王国中还有那么多味道温和的蔬菜等着你品尝呢。

苦瓜

　　苦瓜是葫芦科苦瓜属草本植物，又称凉瓜、癞葡萄等，广泛栽培于全球热带至温带地区。苦瓜的果实呈纺锤形，表面有光泽，并布满瘤状突起。未成熟的苦瓜果实具有苦味，这是抵御食草动物的"武器"。当苦瓜完全成熟，种子外层的假种皮会变得鲜艳多汁，味道十分甜美，这是苦瓜对种子传播者的"馈赠"。

苦瓜雌雄同株，雌花子房密生瘤状突起，花果期5～10月。

蕺菜

　　蕺菜是三白草科蕺菜属草本植物，又称鱼腥草、折耳根、臭狗耳等。蕺菜全株含有挥发油，散发出特殊的气味。蕺菜是一种颇受争议的蔬菜，大多数人刚开始都无法接受它的味道，认为它腥臭不堪，中国四川、贵州、云南等地的人则常常食用它的鲜嫩根茎，喜欢用它拌制凉菜。

蕺菜的幼嫩根茎和叶片可供人食用，花期4～7月。

芫荽

芫荽是伞形科芫荽属草本植物，又称香菜、香荽等，最早出现于地中海地区。西汉时张骞出使西域，将芫荽带回中国，古称胡荽。芫荽全株含有特殊的气味，使人们对它的态度两极分化，喜欢它的人就偏爱这独特的风味，不喜欢的人则觉得它的味道像肥皂、臭虫一样。根据科学家的研究，人类对芫荽气味的好恶主要由自身基因决定。

香菜长有伞形花序，花果期 4 ～ 11 月。

香菜的果实和种子可用于提取芳香油

人们食用的主要是香菜的根生叶

葱的叶片呈圆筒状，中空。

葱

葱是石蒜科葱属草本植物，以叶鞘和叶片供人食用，花果期 4 ～ 7 月。中国人很早就开始栽培葱，2000 多年前的《尔雅》中已有对葱的记载。葱的茎叶含有挥发性硫化物，这是其辛辣味的来源，也使它成为中餐必不可少的调味品之一。葱属包含蒜、韭、洋葱、火葱、大花葱、三棱葱等 550 ～ 690 种植物，大多都有特殊的刺激性气味，分布于北半球，中国有 130 多种。

火葱又称小葱，植株矮小，分蘖很多。

蒜

蒜是石蒜科葱属草本植物，又称大蒜，以鳞茎、花葶和幼苗供人食用。古埃及人在公元前 3200 年已开始食用大蒜。中国栽培大蒜始于公元前 1 世纪左右，现在已成为世界大蒜主产国之一。大蒜的各个部位都含有辛辣的大蒜素，洁白的蒜瓣中还含有供新芽发育的丰富养分。在黑暗条件下栽培，蒜瓣可长成黄色蒜苗，又称蒜黄，也可作为蔬菜食用。

叶鞘抱合成假茎，又称葱白。

保护蒜瓣的鞘叶

蒜薹是从蒜瓣中长出的花茎

蒜瓣是大蒜的肉质鳞茎

大花葱

三棱葱

葱属还包含许多形态美观的植物

远道而来的蔬菜

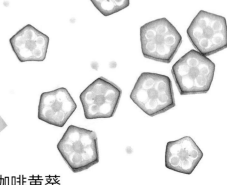

在漫长的历史进程中，很多蔬菜随着人类的迁徙和交流，从遥远的地方"长途跋涉"抵达中国，在陌生的土地上生根发芽，演化出更多的变种，并传播到其他国家，影响全世界人们的生活。名字中有"胡""番"或"洋"字的蔬菜，大多是从其他国家传入中国的。

咖啡黄葵

咖啡黄葵是锦葵科秋葵属草本植物，又称秋葵、羊角豆、糊麻等，最早出现于印度，现广泛栽培于全球热带、亚热带地区。完全成熟的咖啡黄葵种子经过低温烘焙后，可以冲调成不含咖啡因的"秋葵咖啡"，味道与"真正"的咖啡很相似。

咖啡黄葵的鲜嫩果实可供人食用

菠菜的根呈圆锥状，略带红色。

菠菜

菠菜是苋科菠菜属草本植物，又称波斯菜、赤根菜、鹦鹉菜等，最早出现于伊朗，距今 2000 年前已见栽培。唐朝时期，尼泊尔人将菠菜种子作为贡品献给唐太宗，从此中国人开始食用菠菜。菠菜中含有草酸，过量食用会影响人体对钙元素的吸收。但草酸易溶于水，适量吃些用沸水汆煮过的菠菜是非常安全的。

黄瓜果实中有 3 条供种子附着生长的胎座，在横截面中，可以看到种子均匀地排布在 3 个小区域里。

黄瓜

黄瓜是葫芦科黄瓜属草本植物，又称青瓜、旱黄瓜等，最早出现于喜马拉雅山南麓，现广泛栽培于温带和热带地区。汉朝张骞出使西域时，将它带回中国，古称胡瓜。黄瓜的瓠果可供人食用，嫩果表皮为绿色，完全成熟后变为黄色，表面光滑或具瘤刺。

石刁柏最早出现于地中海地区，其嫩芽又称芦笋，可供人食用。

黄瓜果实呈长圆形，长 10 ~ 50 厘米，花果期夏季。

莴苣

莴苣是菊科莴苣属草本植物，古埃及人在公元前 4500 年就开始栽培莴苣，食用它的长叶。卷心莴苣是莴苣在地中海地区演变出的变种，适合生食。在汉朝或唐太宗时期，莴苣从亚洲西部传入中国，并在中国人的栽培下形成变种莴笋，其肉质茎肥嫩如笋，更适合中餐的烹饪方法。

菜蓟又称朝鲜蓟，最早出现于地中海地区。

卷心莴苣的叶片彼此抱卷成叶球

莜麦菜也是莴苣的变种，人们主要食用它的叶片。

洋葱又称圆葱，最早出现于亚洲西部。

莴笋

胡萝卜

胡萝卜是伞形科胡萝卜属草本植物，是野胡萝卜的变种，又称金笋、胡芦菔、赛人参等，最早出现于亚洲西南部，阿富汗是世界上最早的胡萝卜种植中心。公元 13 世纪，胡萝卜经伊朗传入中国。我们平时食用的是胡萝卜的肉质根，其中富含胡萝卜素，在肠道黏膜作用下会水解成维生素 A，有治疗夜盲症、保护呼吸道和促进儿童生长发育等功效。

胡萝卜的根有黄、橙、紫等颜色，多为长圆锥形。

▲ 自然DIY

胡萝卜头儿变盆栽

胡萝卜头儿只是厨余垃圾吗？只要非常简单的一步，你就能将它变废为宝。在盘子中加入一点清水，将切下来的胡萝卜头儿放进去，让切面浸入水中。耐心等待几天，并及时为它添水。你会看到胡萝卜头儿上长出嫩芽，并渐渐长成纤细的茎叶。当白色的须根长出来时，你可以将它移栽到花盆中。

温带水果

在北纬或南纬 30°～60° 的温带地区，人们培育出了适应温带气候条件的水果，如苹果、桃、山楂、石榴等。温带水果的生长不需要过于温暖的气候环境，冬季抗寒力较强，并有自然休眠的特性，需要一定时间的低温才能完成休眠，正常生长和开花结果。温带水果对世界各国的饮食、农业和贸易产生了深远的影响。到现在，苹果、梨、柿、枣等温带水果的产量约占中国水果总产量的 3/4。

柿

柿子雌雄异株，花期 5～6 月，果期 9～10 月。

柿是柿科柿属乔木，又称柿子，最早出现于中国长江流域，栽培历史已超过 2500 年。柿子的果实中有含单宁的细胞，在果实发育初期与其他细胞没有差别，之后逐渐分化成异形细胞，可溶性单宁物质逐渐增多，直接食用有涩味。当果实成熟变软或经脱涩处理后，单宁由可溶性变为不溶性，涩味才趋于消失，味道香甜。

柿子果实初熟时果肉较硬，完全成熟后变得柔软多汁。

柿子亦可加工制成柿饼，表面的白霜可充当白糖的替代品。

霜降之后，中国北方逐渐入冬，这时正是柿子完全成熟的时节。

石榴

　　石榴是千屈菜科石榴属灌木或乔木，又称若榴木、丹若、山力叶等，最早出现于巴尔干半岛至伊朗及其邻近地区，于汉朝传入中国，现于全球各地均有栽培。石榴供人们食用的部位是肉质的外种皮，大多呈淡红色，富含汁液，晶莹剔透。石榴是中国传统的中秋节令鲜果，在古代是多子多福的吉祥象征。

石榴果实的顶端有宿存的钟状花萼

在古希腊神话中，农神之女珀耳塞福涅因吃下冥界的石榴，无法回到母亲身边，被迫成为冥王的妻子。

石榴花期较长，花形美观，是中国古典园林中常见的观赏植物。

李

　　李是蔷薇科李属乔木，又称玉皇李、嘉应子等，是重要的温带水果。李的核果呈球形，直径 3 ~ 5 厘米，表皮呈绿、黄、红、紫等颜色，外被蜡粉，果梗凹陷，果肉酸甜可口。李属有 30 多种植物，其中黑刺李、杏李、欧洲李等也是常见果树。

白梨长有伞房花序，花期 4 月。

李的花冠直径约 2 厘米，花期 4 月，果期 7 ~ 8 月。

黑刺李

白梨

　　白梨是蔷薇科梨属乔木，又称白挂梨、罐梨等，多生长在干旱寒冷的地区或山坡向阳处，在中国北部栽培较多。我们平时见到的鸭梨、雪花梨、红梨等都是白梨的栽培品种。梨属植物最早出现于中国西部的山岳地带，包含约 25 种植物，其中还有西洋梨、沙梨、秋子梨等果树，中国约有 15 种。

西洋梨

白梨的果实基部有肥厚的果梗，果期 8 ~ 9 月。

枣

　　枣是鼠李科枣属乔木，又称大枣、贯枣、老鼠屎等，最早出现于中国，现于亚洲、欧洲和美洲均有栽培。枣是中国最古老的栽培果树之一，多生长在海拔 1700 米以下的山区、丘陵或平原，河北、山东、河南、陕西等地栽培较多。枣是一种甜美的水果，枣仁和根还可入药。枣的花朵芳香多蜜，花期 5 ~ 7 月，是一种良好的蜜源植物。

黄绿色的枣花最终会发育成甜甜的果实

枣的核果味甜，含有丰富的维生素，可鲜食或制作蜜饯。

151

热带水果

生长在热带地区的水果，大多果香浓郁，十分诱人。这些水果具备典型的热带植物特征，生长周期短，结果率高，对气温和湿度要求较高，番木瓜、波罗蜜等植物还会出现老茎生花的现象。全球常见的热带水果有香蕉、菠萝、山竹、火龙果、番木瓜、椰子等。中国南部热带地区有一些独具风味的特产水果，如云南的酸角、广东的荔枝等。

番木瓜的果实中有上百粒黑色的球形种子

番木瓜

番木瓜是番木瓜科番木瓜属乔木，又称树冬瓜、满山抛、万寿果等，最早出现于美洲热带地区。番木瓜传入中国已有200多年的历史，主要栽培于广东、台湾、广西、云南等地。番木瓜花果期全年，浆果呈长圆形，成熟后果皮呈黄色，果肉柔软多汁，味道香甜。

量天尺

量天尺是仙人掌科量天尺属灌木，又称火龙果、三棱箭、霸王花等，主要分布于中美洲至南美洲北部，于全球热带地区广泛栽培。量天尺的花于夜间开放，花期7～12月，浆果味美。量天尺属包含多刺量天尺、单刺量天尺、哥斯达黎加量天尺等10多种植物，其中红色果肉的红龙果和黄色果皮的金龙果也可作为水果食用。

番木瓜树高约10米，大大的叶片聚生于树干顶端，雌雄异株。

火龙果株高3～15米，长有气生根，分枝较多。

金龙果又称黄龙果、燕窝果，在中国台湾、广西等地有栽培。

杜果的果实中央有扁平的果核，与果肉相连。

杜果

　　杜果是漆树科杜果属乔木，又称芒果、莽果、蜜望子等，主要分布于印度、孟加拉、马来西亚等热带国家。杜果的果实是核果，大多呈肾形，成熟时外果皮呈黄色，中果皮多汁味甜，果核坚硬。广西、广东和海南是中国主要的杜果产区。

洋蒲桃

　　洋蒲桃是桃金娘科蒲桃属乔木，又称莲雾、天桃等，最早出现于马来西亚及印度，中国台湾、广东、广西等地有栽培。洋蒲桃的果实呈梨形，洋红色的果皮光滑发亮，顶部凹陷，有宿存的肉质萼片。洋蒲桃的果实口味酸甜，是一种消暑解渴的佳果。

莲雾长有聚伞花序，花期3～4月，果期5～6月。

因为果实形状和铃铛相似，莲雾在西方被称为"铃铛果"。

荔枝的种子被甜美多汁的假种皮包裹着

枇杷

　　枇杷是蔷薇科枇杷属乔木，因叶片形似琵琶而得名。又称卢橘、金丸等，主要分布于中国长江上游地区。枇杷的梨果近球形，肉色橙黄，果味酸甜，花期10～12月，果期5～6月。除了作为水果食用以外，枇杷的果实和叶片还可制成润肺止咳的枇杷膏。枇杷树形整齐，叶片全年常绿，是中国古典园林中常见的观赏植物。

枇杷的果实内含种子一至数粒

荔枝

　　荔枝是无患子科荔枝属乔木，主要分布于中国南部，是中国栽培历史悠久的著名果树。荔枝花期春季，果期夏季，果实近球形，成熟时果皮呈暗红色。相传，唐朝的杨贵妃十分爱吃荔枝，但荔枝产地与国都长安相距甚远，运输途中难以保鲜，只能以快马日夜不停地运送。

莽吉柿

　　莽吉柿是藤黄科藤黄属乔木，又称山竹、倒捻子、凤果等，最早出现于马来群岛，中国台湾、福建、广东、云南等地有栽培，花期9～10月，果期11～12月。莽吉柿被誉为"水果皇后"，亚洲东南部地区的人们将它与"水果之王"榴梿视为"夫妻果"。

山竹果实成熟时，果皮呈紫红色，其中有4～5粒种子，假种皮呈白色，可供人食用。

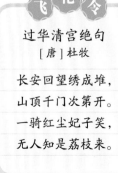

飞 花 令

过华清宫绝句

[唐] 杜牧

长安回望绣成堆，

山顶千门次第开。

一骑红尘妃子笑，

无人知是荔枝来。

红茶藨子又称红醋栗，果实像樱桃，但顶端有萼洼，味酸。

西印度樱桃的果实酷似樱桃，但表面常有圆棱，基部具宿存萼片。

黑茶藨子又称黑加仑，植株形似红茶藨子，但果实呈黑色。

草莓

草莓、欧洲甜樱桃和蓝莓等水果是甜品店里的"大明星"

多汁的"小个子"

　　数千年来，个头较小的野生浆果不仅是鸟类等动物的主要食物，还受到早期狩猎采集者的青睐。进入农业社会后，这些植物开始被人类驯化栽培，果实变得更加鲜美多汁，富含营养。如今，它们中的一些成员，如草莓、蓝莓、覆盆子和樱桃等，逐渐被人类"驯服"，从野外"走进"果园。这些多汁的"小个子"不仅可直接食用，还常用于制作果酱、蜜饯和甜点。

樱桃

　　樱桃是蔷薇科樱属乔木，在中国已有 2000 年以上的栽培历史，品种很多。樱桃的核果酸中带甜，花期 3～4 月，果期 5～6 月。作为果树栽培的樱属植物还有毛樱桃、欧洲酸樱桃、欧洲甜樱桃等。欧洲甜樱桃又称车厘子，具有味道甜美、耐运输等优点，是水果市场上的"宠儿"。

樱桃的果实相对较小，成熟时呈鲜艳的红色。

欧洲甜樱桃的果实较大，成熟时呈深紫红色。

樱桃的叶柄上长着蜜腺，能够吸引蚂蚁，从而驱逐其他啃食叶片的昆虫。

蔷薇科悬钩子属多种植物有小而多汁的聚合果，可供人食用。

黑莓

覆盆子

葡萄品种众多，浆果的形状和颜色多样，果期8～9月。

桑葚是桑或黑桑的聚花果

草莓的果实是聚合果，表面的"芝麻粒"才是它真正的果实，而鲜艳柔软的部分是由花托发育而成的。

葡萄

葡萄是葡萄科葡萄属藤本植物，是全球栽培历史最悠久的植物之一。新疆是中国主要的葡萄产地，汉朝时已开始栽种葡萄。葡萄不仅可以鲜食，还能制成葡萄干、葡萄酒等。葡萄属有葡萄、山葡萄、狭叶葡萄等60多种植物，分布于全球温带和亚热带地区，中国约有37种。葡萄属植物可用于杂交培育抗逆性更好的水果品种。

将新鲜葡萄挂入荫房中，大约一个月后即可得到葡萄干。

葡萄长有圆锥花序，花期4～5月。

草莓

草莓是蔷薇科草莓属草本植物，是经杂交而成的物种，最早出现于南美洲，中国是目前世界上草莓产量最高的国家。草莓花期4～5月，果期6～7月，果实柔软多汁，富含维生素C、铁和多种矿物元素，可鲜食或制作果酱、果汁、果酒等。草莓属有草莓、野草莓、东方草莓等20多种植物，多为野生植物。

由白色逐渐变红是草莓果实成熟的标志。有一个品种的果实成熟后仍为白色，又称菠萝莓。

蓝莓

杜鹃花科越橘属包含450多种植物，中国有90多种，其中长有蓝紫色浆果的植物可统称为蓝莓，以北美洲栽培最多，常见的有高丛蓝莓、矮丛蓝莓、兔眼蓝莓等。蓝莓果实富含花青素，是世界粮食及农业组织推荐的五大健康水果之一。

蓝莓果实直径约1厘米，果皮上的白霜可以减少水分流失。

自然DIY

葡萄的水中"舞蹈"

把葡萄果粒放到一杯纯净水中，葡萄的密度更大，会沉入杯底。但如果将葡萄放到气泡丰富的苏打水中，它会在气泡的作用下浮到水面上。当气泡浮到水面破裂后，葡萄会因此下沉，并再次随着新的气泡上浮。葡萄在苏打水中不断浮沉，就像在跳舞一样。

甘甜的 "大块头"

在水果王国里，有一批外形霸气的 "大块头"，它们的果实较大，果皮坚硬、带刺，甚至还会散发出奇怪的气味。它们并不像其他水果那样 "平易近人"，但外壳之下蕴藏着悦人的甜蜜，这是大自然对人类好奇心的最好馈赠。热带地区盛产多种大型水果，如榴梿、波罗蜜、菠萝、椰子等。在温带地区，大型水果则多为西瓜、甜瓜等葫芦科植物。

榴梿的果实是蓇葖果，果内的每个 "小房间" 里有 2～6 枚种子。

榴梿

榴梿是锦葵科榴梿属乔木，又称榴莲，最早出现于印度尼西亚。传说在明朝时期，郑和率船队三下南洋，在亚洲东南部品尝到这种水果，大为赞赏，为它取名 "留恋"，后人取谐音称其为榴梿。榴梿全年常绿，花果期 6～12 月，果实成熟后能有足球大小，果皮坚实，表面密布短刺，果肉多呈浅黄色，肉质绵软，味道浓甜，但也散发着强烈的臭味。榴梿营养丰富，被誉为 "水果之王"。

许多国家禁止人们将榴梿带到飞机、地铁及宾馆内

榴梿是热带地区常见的 "老茎生花" 植物，果实于老茎上结出。

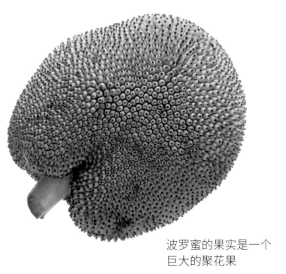

波罗蜜

　　波罗蜜是桑科波罗蜜属乔木，又称菠萝蜜、牛肚子果、树波罗等，最早出现于印度至马来西亚一带，如今热带地区都有栽培。波罗蜜生长速度较快，花期 2～3 月，栽种约 5 年后可结果，盛产期单株产果量能高达 500 千克以上。波罗蜜的果实长 30～50 厘米，重量可达 20 千克，外皮呈黄褐色，有许多瘤状突起。内部果肉层叠，味道甜蜜。

波罗蜜的果实是一个巨大的聚花果

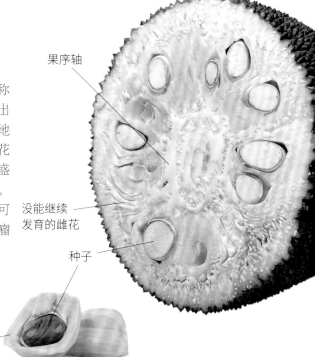

果序轴

没能继续发育的雌花

种子

子房发育而成的果实

叶片两面长着短短的硬毛

西瓜雌雄同株，花果期夏季。

西瓜有较粗壮的果柄

西瓜的种子富含油脂，有些品种可专门用于收获瓜子。

西瓜

　　西瓜是葫芦科西瓜属藤本植物，又称夏瓜、寒瓜等，最早出现于非洲，金元时期传入中国，现在中国已成为世界上西瓜产量最高的国家。西瓜的果实是瓠果，成熟于夏季，果实中含有大量水分，瓤肉甜美，有清热解暑的功效。以西瓜皮为原料，还可制成清热泻火的中药材西瓜霜。

西瓜的品种甚多，外果皮及种子形态不一，瓤色有深红、淡红、黄、白等颜色。

奇特水果

五花八门的水果总是让人垂涎欲滴，除了常见的瓜果梨桃之外，还有一些长相奇特、味道独特的"奇葩"：长得像五角星的阳桃、浑身绒毛的猕猴桃、可以"改变"味觉的神秘果……它们是水果家族中"特立独行"的成员。世界那么大，水果那么多，就让我们一起来认识它们吧！

番荔枝的果实是聚合果，表面有许多鳞片状突起。

番荔枝

番荔枝是番荔枝科番荔枝属乔木，又称释迦、佛头果等，最早出现于美洲热带地区，在中国南部有栽培，花期 5 ~ 6 月，果期 6 ~ 11 月。番荔枝的果实形似佛像的头部，果实成熟后肉质柔软嫩滑，像冰淇淋一样甜美，还有杧果般的奇异芳香。

鳄梨的果实富含油脂，成熟时果肉绵软顺滑。

鳄梨

鳄梨是樟科鳄梨属乔木，又称牛油果、油梨等，最早出现于美洲热带地区，墨西哥是世界上鳄梨产量最高的国家。鳄梨的果实呈梨形，表皮呈黄绿色或红棕色，含有丰富的维生素、脂肪和蛋白质，花期 2 ~ 3 月，果期 8 ~ 9 月。

刺角瓜

刺角瓜是葫芦科黄瓜属藤本植物，最早出现于非洲，因表皮有刺得名。刺角瓜的根系能够生长到地下含水层，果实表皮坚硬，肉质细腻多汁，口味清甜。非洲当地人曾将刺角瓜视为维生素和水的重要来源。

刺角瓜的果肉像黄瓜一样呈凝胶状，内含许多种子。

吃下酸甜可口的神秘果，能让人暂时失去对酸味的知觉。

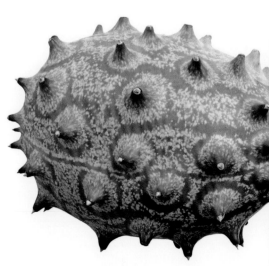

鸡蛋果

　　鸡蛋果是西番莲科西番莲属藤本植物，又称百香果、紫果西番莲等，于全球热带和亚热带地区广泛栽培。鸡蛋果的浆果呈卵球形，果瓤多汁，具有特别的芳香，可生食或调制饮料，花期4～6月，果期7月～翌年4月。

鸡蛋果的花冠直径约4厘米，芳香而美丽。

红毛丹的果实表面有红色的肉质刺，果肉呈乳白色、半透明状。

阳桃的果实有5条棱，其横截面为五角星形状。

中华猕猴桃的果实表面有柔软易脱落的绒毛，果肉的颜色更为丰富，中国已选育出一些色、香、味俱全的新品种。

黄色果肉的中华猕猴桃品种

迷你可爱的软枣猕猴桃

美味猕猴桃

　　美味猕猴桃是猕猴桃科猕猴桃属藤本植物，又称硬毛猕猴桃、奇异果等，最早出现于中国长江中上游流域，长期以野生为主。1906年，美味猕猴桃自湖北宜昌传播到新西兰，成为世界瞩目的水果。猕猴桃属有50多种植物，主要分布于亚洲，中国约有52种，其中中华猕猴桃、软枣猕猴桃、金花猕猴桃等植物的果实均可供人食用。

蛇皮果的外果皮较薄，覆有鳞片。

美味猕猴桃的果实表面密被长硬毛，与毛茸茸的几维鸟相似，所以又称几维果。

坚果

坚果的果皮坚硬干燥，常紧密包裹着种子，果实含水分少，耐贮藏运输，种仁富含脂肪、蛋白质、糖和淀粉等营养物质，散发出令人沉醉的油脂香气。"贪吃"的人类忍不住打开果壳，品尝美味的种仁。如今，坚果已成为人们不可或缺的食品，常见的有栗子、榛子、核桃、腰果、松子等。

开心果的种子外有一层薄薄的肉质外果皮

榛

榛是桦木科榛属灌木或乔木，多生长在荒山坡岗和森林边缘，根系常交错成网状，有很好的固沙固土作用。榛的果实称为榛子，其中的种子可生食、炒食或榨油。人类很早就开始认识、利用榛树，中国陕西省半坡村新石器时代遗址中就有榛子遗存。榛属包含榛、华榛、毛榛、欧榛、大榛、美国榛等 20 多种植物，分布于亚洲、欧洲及北美洲，中国约有 7 种。榛属植物的种子大都富含油脂，可供人食用。

密被柔毛的果苞包裹着榛子

阿月浑子

阿月浑子是漆树科黄连木属乔木，最早出现于叙利亚、伊拉克等亚洲西部国家，在约 3500 年前已有栽培。唐朝时期，这种植物经伊朗传入中国，因其果实外壳开裂，像一张笑得合不拢的小嘴，人们便为它取名"开心果"。开心果生长速度缓慢，生长 9 ～ 10 年后开花结果，花期 4 月，果期 8 ～ 10 月。开心果的种仁味道甘美，富含脂肪、蛋白质、维生素 A 等。它的树干还可用于提取树脂，叶片上的虫瘿可用于提取单宁和染料。

腰果种子呈肾形，长约 2 厘米。

美国山核桃又称薄壳山核桃或碧根果，果壳较薄。

红松、岩松等松科植物的坚果都可食用

开心果的种仁呈淡绿色或乳黄色

每粒榛子中含一粒种子

栗

栗是壳斗科栗属乔木，又称板栗、油栗、栗子等，在中国至少有 2500 多年的栽培历史，花期 4～6 月，果期 8～10 月。栗的种子富含淀粉，味道香甜。它的果实就像一只小刺猬，两三颗果子"躲"在同一个长满锐刺的壳里。这个壳子是壳斗科植物的标志性特征，又称栗蓬，成熟后会开裂。壳斗科包含栗属、锥属、栎属等约 7 属 900 种植物，其中栗属和锥属植物的种子大都可以食用。

栗的壳斗连刺直径约 5 厘米

欧洲七叶树的果实和栗子很像，但含有毒素，千万不能食用。

腰果

腰果是漆树科腰果属灌木或乔木，又称槚如树、鸡脚果等，最早出现于美洲热带地区，现于全球热带地区广为栽培。腰果的果实分为两部分：外形像梨一样的是假果，由花托膨大而成；真果着生在花托的顶端，里面的果仁就是我们平时吃的腰果零食。在美洲，人们还会将腰果的肉质假果当成水果来吃。

鲜艳多汁的假果能够吸引动物注意

扁桃

扁桃是蔷薇科桃属乔木或灌木，又称巴旦杏、八担杏等，最早出现于亚洲西部。扁桃的种仁富含油脂，味甜品种的种子可制作坚果零食，味苦品种的种子能榨油或入药。扁桃在中国新疆、陕西、甘肃等地有栽培，是维吾尔族人民最珍视的干果，其图案常被当地人用来装饰衣帽和墙壁。

巴西坚果又称巴西栗，最早出现于南美洲，其种仁的脂肪含量较高，可食用或榨油。

扁桃的花先于叶出现，花期 3～4 月，果期 7～8 月。

扁桃的种仁含脂肪、苦杏仁素、配糖类等，可用于制作糕点、药品和化妆品。

胡桃的种仁形似人的大脑

澳洲坚果又称夏威夷果，最早出现于澳大利亚东南部的热带雨林中。

仓鼠、松鼠等小动物可以直接用牙齿咬开坚果的外壳

迷迭香

调料作物

在植物世界中，有一群"貌不惊人"但香气浓郁的调料作物。在古代，它们常被用于宗教仪式，胡椒、肉桂等植物曾像黄金一样昂贵，甚至成为权力与地位的象征。随着新航线的开辟，人们找到了更多调料作物，并见识到了更广阔的世界，迎来了"地理大发现"。如今，调料植物不再为贵族独享，花椒、肉桂、茴香、八角等调料已成为家家户户的烹饪必需品。

花椒树果实累累，被中国古人视为子嗣兴旺的象征。

花椒

花椒是芸香科花椒属乔木，又称蜀椒、秦椒等，广泛分布于中国各地，花期4～5月，果期8～10月。花椒果实中含有柠檬烯、香叶醇、花椒油烯、香草醇等挥发性物质，具有独特的浓烈香气。在汉朝以前，花椒是中国人最常用的辛辣香料。

八角

八角是五味子科八角属乔木，又称大料、八角茴香等，主要分布于中国广西。八角每年结果两次，果实经晒干或烘干后，可作为调味香料。八角的枝条和叶片中含挥发油，经处理后还可用于制造化妆品、甜香酒、啤酒等产品。

花椒叶缘有细裂齿，齿缝和叶片表面有油点。

八角的果实是聚合果，由8个蓇葖果组成。

罗勒又称九层塔，常用于海鲜烹饪。

孜然芹

八角

花椒

肉豆蔻

胡椒

　　胡椒是胡椒科胡椒属藤本植物，最早出现于亚洲东南部，现于全球热带地区广泛种植。在古代欧洲，胡椒十分珍贵，时常被作为货币使用。种植胡椒在当时并不是一件容易的事，所以欧洲商人纷纷扬帆起航，前往东方寻找稳定的胡椒来源，这也促成了全球贸易的兴起。时至今日，胡椒已不再昂贵，成为中外菜肴中必不可少的常见调料。

胡椒花期 6～10 月，浆果呈球形，成熟后变红。

月桂

　　月桂是樟科月桂属乔木，最早出现于地中海地区，中国浙江、福建等地有栽培。月桂的叶和果实含芳香油，能提取香料，用作调料或皂用香精，花期 3～5 月，果期 6～9 月。在古希腊神话中，仙女达芙妮为了躲避太阳神阿波罗的追求，祈求父亲将自己变成一棵月桂树。阿波罗懊悔不已，只得以月桂枝叶编成头冠，以缅怀达芙妮。

月桂的叶片互生，长 5～12 厘米。

古希腊时，诗人或取胜的运动员会被授予月桂编成的头冠，桂冠由此成为胜利与荣耀的象征。

姜

　　姜是姜科姜属草本植物，主要分布于亚洲热带至温带地区。姜的根茎肥厚，多分枝，其中含有挥发油和姜辣素，具有辛辣味，是一种常用的调料。姜的根茎还可入药，具有健胃、祛寒、解毒等功效。姜科包含 40 多属，有姜、草果、草豆蔻、高良姜、姜黄等 1500 多种植物，其中不少种类可用作调料。

樟科有 2000 多种植物，其中肉桂的树皮可制成调料桂皮。

月桂叶干制后即为调料香叶

姜黄是印度咖喱常用的调料之一

将未成熟的胡椒果实直接晒干可制成黑胡椒

草果的蒴果是一种常见调料，干制后表面有皱缩的纵纹。

切开姜的根茎，能看到许多丝状的植物纤维。

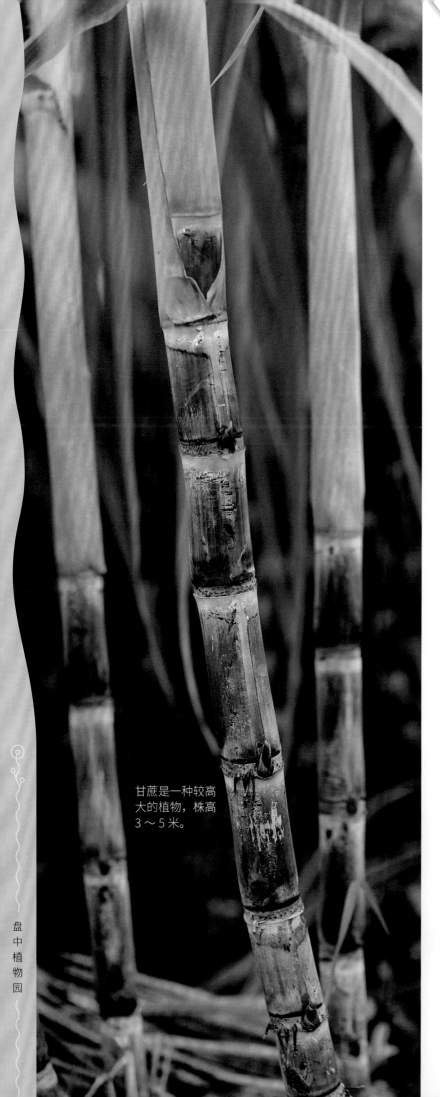

糖料作物

　　糖是我们日常饮食中必不可少的调味品。有些植物含有丰富的蔗糖、葡萄糖和果糖等成分，可作为制糖的原材料，称为糖料作物。世界上主要的糖料作物有甘蔗、甜菜、糖高粱等，糖料作物经加工后的副产品能制成酒精、纸张或家畜饲料。目前，从植物中提取或人工合成的甜味剂受到重视，相比传统的糖料作物，甜味剂的热量更低，糖尿病患者也能适量食用。

甘蔗

　　甘蔗是禾本科甘蔗属草本植物，它的茎粗壮发达，像竹子一样分节，可用于提取蔗糖。如果你曾亲口品尝甘蔗，肯定会对其甜蜜的汁液印象深刻。甘蔗的用途十分广泛，除制糖以外，还能提炼乙醇燃料或制作牲畜饲料。甘蔗是适合在亚热带及热带地区种植的农作物，世界上最主要的甘蔗生产国是巴西、印度和中国。

19 世纪美国手工榨取蔗糖的工艺

甘蔗的茎是实心的，其纤维不易被人体消化。

甘蔗是一种较高大的植物，株高 3～5 米。

甜菜

甜菜是苋科甜菜属草本植物，最早出现于欧洲，中国各地均有栽培，北部栽种较多。甜菜是全球最重要的糖料作物之一，在长期栽培下形成多个变种，中国常见的甜菜变种有紫菜头、糖萝卜、饲用甜菜和厚皮菜等。

糖萝卜的根可制糖

紫菜头的根中有丰富的甜菜红素

甜叶菊

甜叶菊

甜叶菊是菊科甜叶菊属草本植物，最早出现于南美洲，20 世纪 70 年代传入中国。甜叶菊的叶片含糖苷，1 千克叶片可提取 60 多克甜菊糖苷结晶。甜菊糖苷产生的热量只有白砂糖的 1/300，是高甜度、低热能、味质好、安全无毒的天然糖源，可用于各种食品及饮料中。

糖高粱的茎秆含糖量较高，可用来制作糖浆或结晶糖。

木糖醇

木糖醇是一种天然甜味剂，存在于草莓、菠菜等植物中，但含量较低。以玉米芯、甘蔗渣、棉籽皮、桦木片等农副产品为原料，可用工业方法生产木糖醇。与蔗糖、果糖等不同，人体代谢木糖醇的过程中不需要胰岛素，因此糖尿病人可适当食用木糖醇。

有些口香糖中加入了木糖醇，木糖醇结晶在口中溶解时吸收热量，会使人产生清凉的感觉。

趣说草木

甘蔗的历史

亚洲人最早开始种植甘蔗，栽培和制糖技术从中国传到亚洲各地。

新航路开辟后，欧洲国家开始在加勒比海地区种植甘蔗，并为此购买奴隶进行劳作。

16 世纪以后的 300 多年里，约 1170 万非洲人被贩卖到美洲，沦为种植甘蔗的奴隶。

如今，越来越多的先进技术被应用到甘蔗种植中，产量不断攀升，人力被逐渐取代。

可可是典型的"老茎生花"植物，果实长在树干上，果皮最开始呈淡绿色，成熟后变为深黄色或红色。

饮料中的植物

　　水是人类不可或缺的物质，但平淡无味，不能取悦味蕾。大自然像一位有求必应的魔法师，赠予人类独具风味的植物，使丰富多样的饮料走入了我们的生活。茶、咖啡、可可并称为世界三大饮料作物，其中含有咖啡因，能够帮助人们振奋精神、驱散睡意。用于制作饮料的植物还有苹果、胡萝卜和具有芳香气味的花草。

可可

　　可可是锦葵科可可属乔木，最早出现于美洲，现广泛栽培于全球热带地区。人类很早就开始栽培可可，但直到 1753 年林奈才给予它正式的拉丁文学名 *Theobroma cacao*，意为"神的食物"。可可树高约 12 米，树冠繁茂，果实呈卵形，内含种子。可可种子经发酵、干燥、除尘、烘焙及研磨后成为可可粉，可用来制作饮料和固体巧克力。

可可的花冠直径约 18 毫米，几乎全年开花。

可可的果实长度能达到 20 厘米，果内含 20～40 粒种子。

巧克力

　　16 世纪时，美洲阿兹特克人在可可粉中加入水、糖或香料，加热后就制成了可可饮料，又称巧克力。他们认为饮用这种饮料能战胜疲劳，增强抵抗力。西班牙人还曾将这种饮料视为药物。后来，人们不断改进工艺，试图让巧克力更加可口。1847 年，世界上第一块固体巧克力问世，由此风靡全球。

可可种子经发酵、研磨、精炼、调温、成形等多道工艺，才能变成美味的巧克力。

咖啡属植物是常绿灌木或乔木，浆果成熟时呈红色。

咖啡

咖啡是一种风靡世界的饮料，其制作原料是茜草科咖啡属植物的种子。咖啡属包含小粒咖啡、刚果咖啡等 90 多种植物，主要分布于非洲和亚洲热带地区，中国云南、海南、台湾等地有栽培。咖啡有抗氧化、开胃促食等作用，但过量饮用咖啡会导致血压升高、骨质流失等问题，小朋友们尤其不能饮用咖啡。

咖啡的苦味源于咖啡因

咖啡种子的腹面平坦，有纵槽。

麝香猫咖啡

18 世纪初，在印度尼西亚的咖啡种植园里，人们偶然发现麝香猫爱吃咖啡果实，咖啡种子会随其粪便排出。这样的咖啡种子竟然别有一番风味，制成的"猫屎咖啡"甚至成为世界上最昂贵的咖啡之一。因此，咖啡种植农捕捉了许多麝香猫，将它们囚禁在笼中，每日只喂食咖啡果实。这些麝香猫失去了自由，不能像往日那样以昆虫和热带水果为食，难以获得足够的营养，大多早早走向死亡。

我们呼吁抵制"猫屎咖啡"，让麝香猫免遭虐待。

可拉

可拉的种子

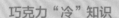

可拉是锦葵科可拉属乔木，又称可乐果，广泛分布于非洲热带地区，曾是制作碳酸饮料可乐的重要原料。如今，可乐的配料表里已没有它的身影，因为可拉果实中含有大量亚硝基化合物，有致癌风险，被饮料公司停止使用。现在人们常用可拉果实提取咖啡因。

非洲人会咀嚼可拉种子，以其中的咖啡因来保持兴奋的精神状态。

趣说草木

巧克力"冷"知识

在阿兹特克帝国时期，可可豆曾作为货币使用。

在黑白电影时代，巧克力浆被用于模拟血液。

美国法规允许巧克力中有昆虫碎片，每 100 克巧克力中的昆虫碎片不能超过 10 块。

巧克力含有可可碱，一只体重9 千克的狗一次吃 57 克黑巧克力会死亡。

农业种植

石斧

石磨

在很久以前，人类采集野果填饱肚子，像其他动物一样过着朝不保夕的生活。后来，聪慧的人类祖先渐渐学会使用、制造工具，开始驯化农作物，获得了稳定的食物来源，这便是农业种植的起源。一般来说，农业种植的一切生产活动需因地制宜、因时制宜，因为不同作物生长所需的自然条件不同。不过，随着经济的发展和科技的进步，种植技术不断革新，农业种植在产能逐渐加大的同时，也在突破着自然条件的限制。

自公元前 8 年至今，人们常用牲畜牵引的铁制农具。

现在无人机已能够完成喷洒农药的工作，提高劳作效率。

农业机械

农业机械的起源最早可以追溯到原始社会，在很长一段时间里，人们只能依靠简单的工具和牲畜的力量完成劳作。20 世纪初，以内燃机为动力的拖拉机开始逐步取代人畜力，广泛应用于农业种植活动中。时至今日，卫星导航等各种高新技术已应用于农业机械作业的过程中，农业种植逐步向全自动化方向发展。

如今，农业机械甚至不需要由人驾驶，可以在导航卫星的指引下完成工作。

刀耕火种

刀耕火种是最原始的农业耕作方法，即砍倒树木，焚烧后空出地面以播种农作物。这种耕作方法始于新石器时代，亚洲西部、非洲北部、中国、印度及中美洲等地的原始农业都经历了刀耕火种阶段。刀耕火种是农业民族初期开辟耕地的方式，对农业发展起过积极作用。随着生产工具的进步和天然林地的减少，刀耕火种农业逐步过渡到锄耕和犁耕农业。

现在一些农业生产不发达的国家和地区，仍保留着原始的耕作方式。

补光栽培

合适的光线是植物生长的关键。在现代化的农作物大棚中，人们常用 LED 灯照射农作物，弥补自然环境中光线的不足，以促进农作物的生长，提升番茄、黄瓜等喜光蔬菜的品质。在中国，补光栽培可以使果蔬提前到春节前后上市，达到反季节培植的目的。

农业补光灯是根据植物所需光谱定制的，使瓜果蔬菜即使面对雾霾等恶劣天气，也能正常生长。

滴灌

滴灌是一种独特的农作物灌溉技术，能将水均匀地滴入植物根部附近的土壤，供作物吸收利用。滴灌技术能适应复杂的地形，减少农业占地，可以大幅度节约用水量，节省劳力。在埃及、以色列、中国新疆等干旱少水的国家和地区，滴灌是常见的灌溉方式。

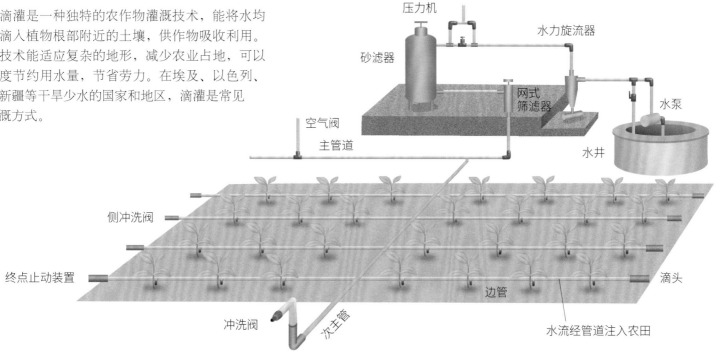

滴灌技术示意图

喷嘴　压力机　水力旋流器　砂滤器　网式筛滤器　水泵　空气阀　主管道　水井　侧冲洗阀　终点止动装置　冲洗阀　次主管　边管　滴头　水流经管道注入农田

种植业对环境的影响

种植业的快速发展在造福人类的同时，也会带来许多环境问题：反复种植同一种农作物会耗尽土壤中的营养物质，造成土壤侵蚀和土壤盐化；耕地面积的无休止扩张会造成森林覆盖率降低、水土流失；农药中残留的有毒物质，以及大量无法被作物吸收利用的化肥会污染水源，还会对生态系统造成极大的破坏。

土地盐碱化

过度灌溉造成水土严重流失

无土栽培

无土栽培是不用土壤培育农作物的方法，植物根部可从人工配制的营养液中吸收所需的养分、水和氧气，具有省水、省肥、省空间等优势，还能显著提高农作物的产量和品质，减少农业生产对环境的污染。并且，无土栽培突破了土壤、气候等自然环境的限制，在沙漠及其他缺乏耕地的地区都可实行。无土栽培可进一步分为水培、雾培、砾培等方法，其中水培较为常见，栽种时植物根部被直接浸入营养液容器中，可以更好地发育。

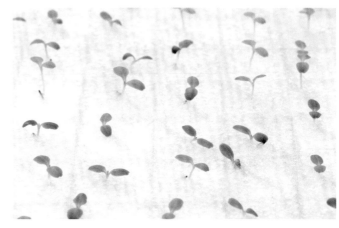

将种子放入被营养液浸湿的海绵中，通常是无土栽培的第一步。

人们为无土栽培的植物选取合适的材料和装置，以固定植株，便于植物的根系发育。

生菜是最适合运用无土栽培技术种植的植物之一，它的浅根系能从营养液中获得充足的营养，快速地茁壮成长。

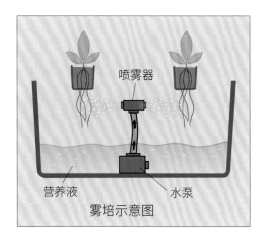

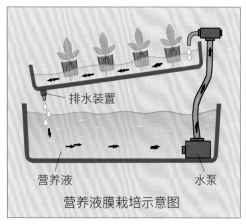

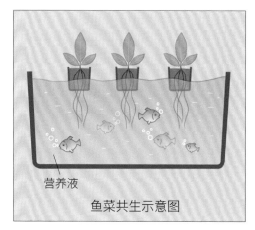

雾培示意图 营养液膜栽培示意图 鱼菜共生示意图

雾培

雾培是一种较为新颖的无土栽培方法，利用喷雾装置将营养液雾化为小雾滴，直接喷射到植物根系，以提供植物生长所需的水分和养料。

营养液膜栽培

营养液膜栽培技术是在水培的基础上发展起来的一种新技术。植物的根系被固定在一个通道中，营养液通过这个通道不断循环，从而给植物提供营养和水分。

鱼菜共生

鱼菜共生是结合水产养殖与无土栽培的互利共生生态系统，通过巧妙的生态设计，实现养鱼不换水而无水质忧患、种菜不施肥而正常成长的生态共生效应。

太空中的无土栽培试验

自 2014 年起，科学家就开始在"国际"空间站构建水耕空间。2016 年，中国航天员首次在宇宙空间尝试无土栽培，在"天宫二号"空间实验室内种下了 9 棵生菜。2019 年，中国科研人员再次在"天宫二号"种植拟南芥和水稻。如果太空无土栽培试验成功，就能够确保航天员在漫长的旅程中有足够的营养，以便未来进行更加遥远的深空探索。

美国国家航空航天局的研究人员检查太空水耕栽培的蔬菜

旋转水培

旋转水培技术和普通的水培技术一样，使用无杂质的营养物和水为植物生长提供养分。它的特别之处在于旋转式设计，一方面能帮助植物抵抗重力，加快植物生长；另一方面，旋转水培技术还可以节省种植空间。

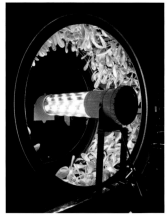

利用旋转水培技术种植蔬菜

将清水浸泡后的绿豆平铺，盖上湿润的薄纸或纱布，耐心等待就能收获绿豆芽，体会水培的便捷之处。

种下第一颗种子

园艺铲

想足不出户就能欣赏自然之美，家庭园艺是个不错的选择。在庭院、阳台或书桌上种下第一颗种子，根据植物特性调节光照、温度等，为它浇水、施肥、防治病虫害。植物将与你一起成长，以繁茂的枝叶和花朵回应你的精心呵护，你也能在实践中进一步观察植物，亲近自然，体悟知行合一的乐趣。天南星科、石蒜科、毛茛科等植物适合在家中栽种，百合科、鸢尾科、蔷薇科等植物还可用来插花或制作盆景。

泥炭土富含有机质，具有保水、保肥的特性，适合大多数植物生长。

选择土壤

户外园林的土壤中含有各种微生物和腐殖质，不仅具有自我修复性，土壤疏松，还能保证植物生长所需的营养。对于栽培空间有限的盆栽植物来说，它们需要更为洁净透气的盆栽土壤。常见的盆栽土壤多由各种介质混合而成，例如泥炭土、珍珠岩、蛭石、椰壳纤维等。

椰壳纤维由椰子壳碾碎加工而成，适合播种和育苗时使用。

珍珠岩由石灰岩经高温处理而成，排水透气性较好，适合播种、扦插繁殖时使用。

吊兰

浇水的学问

不同的花卉对水分的需求是不同的，我们要根据植物的属性和环境的情况选择适当的浇水方法。并且，我们要遵循"不干不浇，浇则浇透"的原则。如果盆土没有浇透，不利于根系扩张与植物生长。如果浇水过多导致积水，就会使根系腐烂、植株死亡。

金边吊兰、鸭掌木等观叶植物喜空气湿润的环境，适合用喷雾结合灌水的方法浇灌。

给多肉植物浇水时要向土壤灌水，避免水分残留在叶片上，造成叶片腐烂。

趣说草木

花园里的"昆虫战"

形形色色的昆虫会"光临"我们的花园，其中有一些会"残害"植物，例如蚜科昆虫。

叶螨科昆虫俗称红蜘蛛，主要危害茄科、葫芦科、豆科、百合科等植物。

好在花园中还有我们的"友军"，例如七星瓢虫以蚜虫为食，可有效抵御"害虫"。

草蛉也是一种肉食性昆虫，刚从卵里孵出的草蛉幼虫就能捕食蚜虫、红蜘蛛等"害虫"了。

施肥的技巧

将肥料施于土壤中或喷洒在植株上，可为植物提供所需养分，促进其生长发育。我们可在植物生长期时施肥，以保证植株按时开花结果，在植物休眠期时不要施肥。为观叶植物施肥，应选择以氮元素为主的肥料，以促进其叶片生长；为观花植物施肥，可在其开花之前施放以磷、钾元素为主的肥料。我们可以购买园艺用肥料，也可以用发霉的花生、蛋壳、鱼骨等自制有机肥料。

合适的光照

植物的生长依赖光合作用，合适的光照可为植物提供代谢所需的能量，维持其生命及发育。不同的植物对光照的要求不同，我们应在栽培植物之前了解其生长习性。菊花、角堇、矮牵牛等植物喜光照，充足的阳光可使其茁壮成长、开花结果；而光照不足会使它们出现植株细弱、徒长、多肉返绿、落花等现象。绿萝、吊兰、铁线蕨等植物喜半阴环境，种植时应避免强光直射。

换盆

种在盆里的花草，根系也会不断生长。当长到一定阶段时，花盆中的空间就显得不足了，根系的生长受到阻碍。而盆内土壤中原有的养分，因逐渐被吸收而减少，也难以维持植株的生长。这时，就要给这株植物换盆、换土了。

缺硼
顶芽从基部枯死

缺钙
顶芽卷曲呈钩状

缺铜
嫩叶生长不良

缺铁
嫩叶叶脉间失绿

缺锰
嫩叶出现坏死斑点

缺钾
叶片呈杂色

缺磷
叶片深绿泛紫

肥料缺失或营养不均衡会影响植株的正常生长

"工欲善其事必先利其器"，高效而实用的园艺工具是养好花卉的"利器"。

水壶

修剪枝条时要使用专用的剪刀

园艺手套

穿上雨靴可避免衣着被土壤弄脏

换盆时要非常小心，不要碰伤植物的根。

阳台小花园

在阳台上种植心仪的花草，能给生活增添一分悠然自得的情趣。若精心设计一番，阳台定能焕然一新、花团锦簇，如同家中的小花园。一个沙发、一本书、一杯茶、墙角的花，就可以让我们体会到田园生活的乐趣。

冬天种植紫锦草时，要将它悬挂到阳光较为充足的地方。

挑选阳台上的植物

选择植物时，首先应避免选择入侵物种和濒危保护植物，其次，要考虑家庭阳台的面积和功能性。如果阳台的面积较小，几盆较小的盆栽植物就能将阳台变成一个既实用又美观的小花园；阳台面积较大或有屋顶露台的家庭，则可以打造花池和盆栽植物相结合的景观阳台。适合在阳台栽种的植物有很多，如大中型的象脚王兰、黛粉叶，小型的三色堇、蟹爪兰，以及可悬挂植物紫锦草、常春藤等。

三色堇以露天栽种为宜，不适合放置在光线较暗的室内。

白肋黛粉叶喜温暖潮湿的气候环境，适宜种在较肥沃的弱酸性土壤中，避免阳光直射。

可用小巧精致的容器栽种吊兰等小型植物，然后悬挂在阳台的顶板上。

爬满墙壁的络石

悬挂护栏花架

选择花架

选用不同的花架来放置植物，能增加阳台花景的层次感，让阳台成为家中靓丽的风景线。常用的花架有爬藤架、悬挂护栏花架、顶部挂篮和阶梯花架等，适用于种植不同的植物。简易的爬藤架可以种植藤本植物，如蔷薇、络石等。护栏花架上，则可悬挂一些较小型的花卉，既美观又节省空间。

阳台小菜园

利用阳台空间，我们可以开辟一个小菜园，种植葱、香菜、生菜、胡萝卜、番茄等容易成活的蔬菜，让阳台变成绿色的乐园。等蔬菜成熟时趁新鲜采收，和家人一同品尝自己的劳动果实，体会丰收的乐趣。

在阳台栽种植物之前，我们要做好防水工作，防止花盆或花池中的水渗到楼下。

容量大、防腐好的容器适合用来种菜

可将盆栽有序地摆放在阶梯形的花架上

装饰阳台花园

选择适当的家具装饰阳台，能增加阳台的实用功能。选择家具时，除了考虑美观因素，还应遵循轻巧、易清洁的原则。可将藤编桌椅放在空间充裕的阳台上，其古朴简约的造型与植物相得益彰。我们可以充分利用阳台的立体空间，将置物架、书架、小桌板等错落有致地摆放在这里。

书桌上养植物

当你伏案疾书或长时间用电脑时，偶尔抬头望见那一棵棵精心养护的盆栽植物，不仅能缓解眼睛的疲劳，心情也会感到愉悦和轻松。植株小巧轻盈、造型优美、无毒、无异味的植物，适合摆放在书桌、电脑桌或书架上，如文竹、豆瓣绿、空气凤梨、铁海棠等，仙人掌、石莲花等多肉植物也是不错的选择。

倚叶铁线蕨株高 5～20 厘米，叶片呈圆形，这类小型蕨类植物适合盆栽于书桌上欣赏。

空气凤梨

凤梨科铁兰属包含 500 多种植物，主要分布于南美洲，其中的园艺观赏植物可统称为空气凤梨，包括洪都拉斯空气凤梨、仙人掌空气凤梨、小蝴蝶空气凤梨等 200 多种植物。空气凤梨主要依靠密布于叶面的银色鳞片，从空气中吸收水分和养分，没有土壤也能存活。利用这种特性，我们可以直接将空气凤梨放在桌上，只要保证适宜的散射光、水分和湿度，它们便能成活。

空气凤梨可放置在铁丝支架上或花瓶口处

给空气凤梨浇水后应将水滴甩干，并把植株倒置晾干，避免叶心积水腐烂。

文竹

文竹是天门冬科天门冬属草本植物，又称云竹、山草等，最初分布于非洲南部，中国各地均有栽培。文竹株高 3～6 米，分枝极多，叶状枝十分纤细。盆栽文竹宜选用肥沃的砂质土壤，需有良好的排水性。文竹喜温暖湿润、半阴通风的环境，应放在阴凉通风处养护，夏季避免光线直射。

文竹枝干细柔，叶姿优美，将其摆放在书桌或茶几上，可增添宁静的书香气息。

网纹草

　　网纹草是爵床科网纹草属草本植物，最初分布于南美洲热带地区。网纹草的植株矮小，匍匐生长，叶十字对生，不同品种的叶片网纹、颜色差异很大，花期9～11月。网纹草适合盆栽，或置于生态瓶中造景，喜潮湿半阴的环境，对温度敏感，生长适宜温度18℃～24℃。若长期处于光线不足的环境中，网纹草的茎叶容易徒长，把它带到光源充足的窗台养护几周，即可让它更茂盛地生长。

网纹草的叶片表面有细致网纹，栽培品种有安妮网纹草、白雪安妮网纹草等。

种一瓶水草

　　制作水草瓶需要砂石、水草、固定水草的细线等材料，水榕、金鱼藻等健壮耐阴的植物适合置于水草瓶中。制作时首先将水草的根固定在砂石之间，沿瓶壁缓慢地加入水，然后调整水草枝叶的造型，还可以放入鱼、虾等小动物。水草瓶需每周换水，忌夏季阳光曝晒，其他季节里可以经常把它放在明亮的窗台上养护。

打底用
的砂石

装饰用
的石头

固定水草
的砂石

水草

摆好水草后，可缓缓
地加入晾晒过的清水。

完成啦！

姬秋丽

树马齿苋

花月夜

天使之泪

姬星

多肉植物

　　根、茎或叶肉质化的观赏植物可统称为多肉植物，这类植物形态独特，适合放在书桌上欣赏。景天科、大戟科、番杏科、仙人掌科等包含多种多肉植物，它们的营养器官肉质化，其中储藏着水分。这个特点使它们能暂时脱离外界水分供应独立生存，适应较干旱的环境。

落地生根的叶缘会长出密密麻麻的不定芽，这些小芽一旦落入土中就能生长，不久就可长成新的植株。

石莲花

　　石莲花是景天科石莲花属草本植物，最初分布于墨西哥，生长在半沙漠地区及山区，现全球各地均有栽培，是一种广受欢迎的多肉植物。石莲花的叶为基生叶，花期 6 ~ 7 月，果期 8 月。石莲花喜阳光、耐干旱，栽培时可放在室内明亮处。19 世纪时，石莲花被带到欧洲，当时只有 4 个品种可供观赏。经过杂交和栽培，现在我们可看到棕玫瑰石莲花、白凤蓝石莲花等数十个品种。

石莲花、天使之泪等景天科植物的叶片形态近似花朵，被誉为"永不凋谢的花朵"。

多肉植物的叶片颜色变化

有些多肉植物的叶片颜色会随日照强度变化而改变。在阳光充足、日照时间较长的环境中，有些多肉植物体内会合成花青素、类胡萝卜素等色素，叶片颜色从绿色变为红色、粉色或紫色，以缓解强紫外线对植株的伤害。而在低温、弱光照的环境中，有些多肉植物的叶片颜色会变深，以吸收更多紫外线，获得生长所需的热量。

虹之玉的肉质叶片会随温度变化而变色

种下多肉植物的叶片

首先准备珍珠岩、泥炭土、椰壳纤维混合而成的土壤，以及一个有透气孔的陶制花盆，将混合土放入花盆中。之后，可以轻轻地掰下几枚完整的多肉植物叶片，将它们插入花盆中，喷洒少量的水。在适宜的环境中，叶片上能顺利地长出根，并渐渐长成新的植株。操作过程中要避免接触植物流出的汁液。把种好的多肉植物放在阳台或窗台上，静待其慢慢成长吧！

出根的叶插苗

玉露

玉露是阿福花科十二卷属草本植物，最早出现于非洲南部，现全球各地均有栽培。玉露株高 5 ~ 12 厘米，植株初为单生，之后逐渐呈群生状，肉质叶片排列成莲座状。玉露叶片晶莹剔透，造型小巧精致，是极佳的观赏植物，可摆放在几案、书桌、窗台上。十二卷属包含玉露、鹰爪十二卷、蛛丝十二卷、斑叶十二卷等 150 多种植物，其中有许多美观的多肉植物。

鹰爪十二卷

玉露

黄金玉露　　　姬玉露

并不是所有的多肉植物都会在开花后死去，例如美丽莲在开花后不会枯萎，其秀丽的花朵深受人们喜爱。

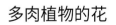

美丽莲

多肉植物的花

多肉植物通常为多年生草本植物，自身代谢较慢，花期较长。开花的过程会消耗很多养分，因此瓦松属、长生草属、青锁龙属中的一些多肉植物在开花后将很快死亡。我们种植这些植物时，可以将刚刚生长出来的花芽剪下，以延长它们的寿命。

马蹄莲的佛焰苞上
有一个锥状的尖头

天南星科花卉

  天南星科包含马蹄莲属、海芋属、花烛属、大藻属等110多属，有3300～3500种植物，中国有200多种。亚洲热带地区是天南星科植物的发源地，美洲热带地区则是它们的物种多样化中心。天南星科植物的花都比较小，排列成肉穗花序，往往具有臭味，花序外有佛焰苞，形态独具一格。天南星科中有许多种美丽的观花植物和观叶植物，常见的有马蹄莲、绿萝、五彩芋和龟背竹等。但在种植时，我们要避免误食或接触这类植物的汁液，以防中毒。

马蹄莲

  马蹄莲是马蹄莲属草本植物，最初分布于非洲东北部及南部。它的肉穗花序顶生于花梗上，花序外面围着白色的佛焰苞，苞片长10～25厘米，状如马蹄，因此而得名。由于叶片青翠，外形奇特，花朵洁白硕大，马蹄莲成为世界著名的切花花卉，常用于制作花篮、花束、插花等，同属彩色品种还可盆栽观赏。

马蹄莲喜温暖湿润的环境，多生长
在河流旁、沼泽等地，花期2～3月。

苞片更加艳丽的
马蹄莲品种

五彩芋是一种观叶植物，叶片色泽美丽，变种极多。

龟背竹的果实

龟背竹

龟背竹是龟背竹属藤本植物，又称蓬莱蕉、龟背蕉等，最初分布于墨西哥等国家的热带雨林中，现在是重要的室内观叶植物，于全球各地广泛种植。龟背竹的叶片呈心形，长度可达 60 厘米，叶缘羽状分裂，四季常绿。随着植株长大，其叶片主脉两侧会长出空洞，形似龟甲上的图案。龟背竹喜温暖湿润的环境，春季时将其侧枝上部剪下，直接栽于花盆中也较易成活。

绿萝

绿萝是麒麟叶属藤本植物，是最受欢迎的观叶植物之一，最初分布于所罗门群岛，现全球各地广泛栽培。绿萝的叶片表面能长出不规则的黄色斑块或条纹，因此又称黄金葛。利用绿萝的攀爬属性，人们常将它以柱式或壁挂式栽培，叶片能长得十分硕大，颇为壮观。盆栽绿萝一般只能长出小巧而密集的叶片，陈设于家中同样清新悦目。

绿萝易于无性繁殖，折枝插瓶便能成活。

花烛

花烛是花烛属草本植物，又称红掌，最初分布于墨西哥、哥伦比亚等国的热带雨林中，现在已成为全球广为种植的观赏植物，多用于插花或盆栽。花烛的佛焰苞呈鲜艳夺目的大红色，苞片舒展，淡黄色的肉穗花序直立其中，就像一根小小的蜡烛。

白鹤芋属植物的花与花烛相似，佛焰苞呈白色，又称白掌。

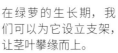

花烛的园艺品种颜色多变

在绿萝的生长期，我们可以为它设立支架，让茎叶攀缘而上。

百合科花卉

百合科包含百合属、郁金香属、贝母属等近20属，有700多种植物，广泛分布于全球，中国有100多种。百合科植物长有两性花，萼片和花瓣长得很像，可合称为花被片，大多数百合科植物的花冠由6枚花被片组成，醒目而美观。百合科中最著名的园艺花卉是百合和郁金香。在现代分类系统中，玉簪、吊兰等植物已从百合科分出。

市场上售卖的可食用"鲜百合"，通常是兰州百合或卷丹的鳞茎。

百合

百合是百合属草本植物，又称山百合、香水百合等，广泛分布于中国河北、陕西、河南、陕西等地，生长在山坡草丛中、疏林下、山沟旁、地边或村旁。百合的花呈漏斗状，呈白、粉、橙、紫等颜色，有的还具赤褐色斑点，常散发着芳香，是最受欢迎的园艺花卉之一。百合属包含百合、野百合、卷丹、兰州百合、麝香百合等110多种植物，其中许多种类可用于观赏或园艺育种，主要分布于北半球温带地区。

基督教主题绘画中，天使加百列常以手持白色百合的形象出现。

百合的花粉沾到衣服上很难清洗干净，所以我们买到的鲜切百合花通常已被摘除花药。

柱头

雌蕊

雄蕊

花药

百合的花被片分内轮和外轮

阿玛尼郁金香　　　　遐想郁金香　　　　黑体字郁金香

郁金香

郁金香是郁金香属草本植物，又称洋荷花、旱荷花等，最早出现于欧洲，现广泛分布于亚洲、欧洲及非洲北部。郁金香通常顶生单朵花，花大而艳丽，花冠呈钟状，呈红、黄、白等颜色，或间有彩条，或中心略带黑紫色，花期4～5月。郁金香的栽培历史悠久，园艺品种众多，是全球最受欢迎的花卉之一。

郁金香引发的经济危机

在17世纪，由奥斯曼土耳其引进到荷兰的郁金香受人们追捧，引起大范围抢购。

郁金香成长期略长，不能满足市场需求，商人趁机哄抬物价，使郁金香的价格飙升。

彼时最受欢迎的品种是永远的皇帝郁金香，一朵花的价格甚至相当于一所豪宅。

1637年，泡沫经济瓦解，郁金香价格暴跌，荷兰因此陷入混乱，许多人因此而破产。

郁金香有6枚等长的雄蕊，柱头增大，呈鸡冠状。

卷丹

卷丹是百合属草本植物，广泛分布于中国江苏、浙江、安徽、江西、湖南等地，多生长在海拔400～2500米的地带。卷丹花期7～8月，花冠下垂，橙红色的花被片反卷，并有紫黑色斑点，因此又称老虎百合。卷丹是美丽的观赏植物，其鳞茎富含淀粉，还可供人食用或药用。

卷丹雄蕊四面张开，花丝长5～7厘米。

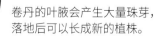

卷丹的叶腋会产生大量珠芽，落地后可以长成新的植株。

石蒜科花卉

石蒜科包含君子兰属、朱顶红属、水仙属、石蒜属、葱属等约80属，有1460多种植物，主要分布在全球热带、亚热带及温带地区，中国有140多种。石蒜科植物普遍具有鳞茎或根状茎，叶多数基生，狭长似线，花比较艳丽，伞形花序生于花茎顶端。常见的石蒜科花卉有水仙、君子兰、葱莲、文殊兰、朱顶红、百子莲、水鬼蕉等。需要小心的是，许多石蒜科植物含有生物碱，误食会导致人畜中毒。

君子兰

虽然以"兰"为名，但君子兰是君子兰属草本植物，又称大花君子兰、剑叶石蒜等，最早出现于非洲南部的山地森林中，喜温暖湿润的半阴环境。君子兰的叶扁平宽大，形似兰叶，终年翠绿。君子兰开花后与兰科植物有明显区别，伞形花序顶生，由10朵以上的花组成，每朵花有6枚花被片，花色多为橙红色，2～3月时开花最为茂盛。

君子兰的花被片组合成漏斗形的花冠

石蒜

石蒜是石蒜属草本植物，在中国大部分地区都有分布，生长在阴湿山坡和溪沟边，全球各地都有栽培。石蒜有许多有趣的别称，其中既有龙爪花、蟑螂花、老鸦蒜等平易近人的俗名，也有彼岸花、曼珠沙华、两生花等具有宗教意义的雅称。石蒜株高 30 厘米左右，伞形花序由 6 朵鲜红色的花组成，每朵花有 6 枚反卷的花被片和 6 枚纤长的雄蕊，花期 8 ~ 9 月。

石蒜的花被片呈披针形，长约 3 厘米，雄蕊伸出于花被外。

百子莲

朱顶红的花冠呈喇叭形，壮丽悦目。

朱顶红

朱顶红是朱顶红属草本植物，又称对红、红花莲、百枝莲等，最早出现于美洲热带地区，中国各地都有栽培。朱顶红株高约 40 厘米，花期夏季，顶端着生 2 ~ 4 朵鲜艳硕大的花，构成伞形花序。朱顶红既可盆栽、水培，还能用于插花、制作花束。

水仙

水仙是水仙属草本植物，分布于亚洲东部，是中国十大名花之一。水仙有肥大的鳞茎，叶片直立而扁平，花茎中空，花序由 4 ~ 12 朵花组成。每朵花有 6 枚花被片及黄色的杯状副花冠。水仙开花时会散发出浓郁的芳香，花期 1 ~ 2 月，是中国人钟爱的"年花"。水仙属有 60 多种植物，其中还有黄水仙、红口水仙、长寿水仙等多种观赏植物，以地中海地区为分布中心。

古希腊神话中，美少年纳喀索斯爱上了自己的水中倒影，死后变成一株水仙花，水仙属的拉丁名便源于他的名字。

水仙的花蕊在副花冠中

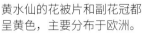

黄水仙的花被片和副花冠都呈黄色，主要分布于欧洲。

鸢尾科花卉

鸢尾科包含鸢尾属、香雪兰属、唐菖蒲属、虎皮花属、番红花属等约70属，有2000多种植物，广泛分布于全球热带、亚热带及温带地区，中国有70多种。鸢尾花科植物以花朵形态奇异而著称，其中常见的观赏植物有唐菖蒲、虎皮花、鸢尾等。某些鸢尾科植物对氟化物较敏感，可作为监测环境污染的指示植物。

鸢尾

鸢尾是鸢尾属草本植物，又称屋顶鸢尾、老鸹蒜、蛤蟆七、紫蝴蝶等，分布于中国西南和东南等地区，多生长在向阳山地的草坡、林缘或近水边的湿润地方。鸢尾的叶片大多呈扁平的长条形或剑形，基部互相套叠，植株外形很像鸢鸟的尾巴，所以中国古人将其命名为鸢尾。鸢尾属有300多种植物，分布于北半球温带地区，其中香根鸢尾、蝴蝶花、黄菖蒲等也常被作为观赏植物栽培。

鸢尾的花冠形状独特，6枚花瓣平均分为2轮，外轮弯曲下垂，内轮直立，形态宛如蝴蝶。

金色的鸢尾花图案是法国皇室的象征

19世纪荷兰画家凡·高所画的《鸢尾花》是世界上最为昂贵的油画之一

香根鸢尾

蝴蝶花

黄菖蒲

园圃之乐

香雪兰

香雪兰是香雪兰属草本植物，又称菖蒲兰、小苍兰、香水兰等。香雪兰的花茎直立，上部有弯曲分枝，基部有数枚茎生叶。香雪兰的花朵色彩多变，香气扑鼻，深受园艺爱好者的欢迎，还是优质的芳香植物，可用于制作香水等产品。香雪兰在中国南部多露天栽培，北部则多盆栽养育，花期4～5月。

香雪兰的聚伞花序线条优美，适合用来插花，花枝放在水中可存活5～7天。

唐菖蒲

唐菖蒲是唐菖蒲属草本植物，又称十样锦、扁竹莲、剑兰等，在中国各地广泛栽培。唐菖蒲的叶为基生或在花茎基部互生，呈剑形，株高50～80厘米。唐菖蒲是著名的观赏植物，花期7～9月，是夏季里不容错过的美丽花卉。

虎皮花

虎皮花是虎皮花属草本植物，最早出现于墨西哥和中美洲南部，是一种非常受欢迎的观赏植物。虎皮花的园艺品种较多，花色变化大，呈紫、红、粉、黄、白等颜色。虎皮花在播种后的第一年开花，常常于清晨开放，下午5点左右凋谢。在较寒冷的地区，人们需要在秋季将虎皮花的球茎挖出来，放在室内干燥处，让植物休眠过冬。

唐菖蒲的花冠直径6～8厘米，由6枚花瓣组成。

虎皮花的雄蕊花丝与花柱合生，长约6厘米，花柱顶端6裂。

西伯利亚鸢尾

马蔺

187

毛茛科花卉

毛茛科包含毛茛属、翠雀属、铁线莲属、银莲花属等约60属，有2500多种植物，主要分布在北半球温带和寒温带地区，中国约有720种。毛茛科植物的花单生或组成花序，花瓣或有或无，或特化成引诱昆虫的分泌器官，形态独特而美丽，著名的毛茛科观赏植物有花毛茛、铁线莲等。毛茛科植物普遍含有多种化学成分，具有一定的毒性，所以欣赏这些花卉时，千万不要随意采食它们。

花毛茛的花大而秀美，是城市绿化不可或缺的观花植物之一。

花毛茛

花毛茛是毛茛属草本植物，又称洋牡丹、陆莲花等，是一种世界著名的园艺花卉，主要分布于地中海地区。花毛茛株高20～50厘米，花单生或数朵聚生于茎顶，花冠直径5～10厘米，呈红、黄、白、橙及紫等颜色，重瓣品种形态绚丽，颇具牡丹的风韵。花毛茛于春季开花，喜凉爽气候和疏松肥沃、排水良好的砂质土壤。

花毛茛的花色丰富，即使同一朵花上也有多样的颜色变化。

花毛茛的叶缘羽状细裂，和芹菜叶片相似，又称芹叶牡丹。

花毛茛的重瓣品种

里昂村庄铁线莲　　　　乌托邦铁线莲　　　　小鸭铁线莲

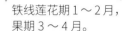

铁线莲花期 1～2 月，
果期 3～4 月。

翠雀

　　翠雀是翠雀属草本植物，又称鸽子花，多生长在海拔 500～3000 米的山地草坡。正如它的名字，翠雀的总状花序如同一群飞舞的蓝色小鸟，十分惹人喜爱。它的花冠结构特殊，最外侧像花瓣一样引人注目的是萼片，尾端有较长的距。2 枚退化后的雄蕊长在萼片中央，像花瓣一样保护着花蕊，而真正的花瓣位于退化雄蕊和上萼片之间。

铁线莲

　　铁线莲是铁线莲属藤本植物，主要分布在中国广西、广东、湖南、江西等地，多生长在丘陵灌丛、山谷、路旁及溪边，日本也有栽培。铁线莲被誉为"藤本皇后"，园艺品种众多，常被种植于墙边、窗前、篱笆上，还可与其他植物搭配，打造层次丰富的园林景观。铁线莲的花序腋生，花冠直径 3.6～5 厘米，由 6 枚萼片组成，花冠中央有许多雄蕊。

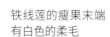

铁线莲的瘦果末端
有白色的柔毛

打破碗花花

　　打破碗花花是银莲花属草本植物，又称野棉花、遍地爬、霸王草、盖头花、大头翁等，在中国主要分布在陕西、湖北、四川、云南等地，多生长在海拔 400～1800 米的湿润地带。打破碗花花株高 20～120 厘米，花冠由 5 枚紫红色或粉红色的萼片组成。

打破碗花花的萼片上有
绒毛，花期 7～10 月。

翠雀花期 5～10 月

真正的花瓣

退化的雄蕊

萼片

距

野罂粟的花茎、花蕾、叶片和果实上都长有毛，这是它与罂粟最明显的区别。

罂粟科花卉

　　罂粟科包含罂粟属、荷包牡丹属、花菱草属等约40属，有800多种植物，广泛分布于全球温带和亚热带地区，中国有300多种，多分布于西南部。罂粟科植物的花单生或排列成总状花序、聚伞花序、圆锥花序，开花时萼片脱落，花冠呈规则的辐射对称至极不规则的两侧对称，极具观赏性。常见的罂粟科观赏花卉有花菱草、虞美人和荷包牡丹等。

野罂粟

　　野罂粟是罂粟属草本植物，又称山罂粟、冰岛罂粟等，生长在北美洲、欧洲和亚洲的高山地带，是地球上分布最靠北的植物之一。野罂粟的生长繁殖期与北极的极昼期吻合，在极昼到来时，它的茎可以随着太阳的方向转动，保证花瓣中的繁殖器官获得最多的热能。罂粟属包含罂粟、野罂粟、虞美人等100多种植物，主要分布于欧洲和亚洲，中国约有7种。

含苞待放的野罂粟　　野罂粟的花色多变，花果期5～9月。

罂粟花大而色艳，植株无毛带白粉。

罂粟的球形蒴果

虞美人花苞未开时下垂，表面有淡黄白色的毛。

随后花蕾渐渐"抬头"，萼皮一分为二，露出花瓣。

在欧美地区，人们会在胸前佩戴虞美人，悼念两次世界大战中逝去的生命。

虞美人

　　虞美人是罂粟属草本植物，又称丽春花、锦被花、蝴蝶满园春等，最早出现于欧洲。虞美人株高 25 ～ 90 厘米，全株具毛，花单生长于梗上，花苞常下垂，花呈深紫红色，主要由 4 枚接近圆形的花瓣组成，花果期 3 ～ 8 月。

花菱草

　　花菱草是花菱草属草本植物，又称金英花，最早出现于美国西部及墨西哥，生长在海拔 2000 米以下的草地及开阔地区。花菱草株高 30 ～ 60 厘米，叶柄长，叶片分裂，开花后成杯状，边缘波状反折，有 4 枚三角状扇形花瓣，花期 4 ～ 8 月。

花菱草的叶片羽状分裂，裂片形状多变。

虞美人之名来自中国古代女性虞姬，这个名字最初是指豆科植物舞草，明清之后才逐渐成为这种罂粟科植物的名字。

荷包牡丹

　　荷包牡丹是荷包牡丹属草本植物，广泛分布于亚洲东部，自西伯利亚南部到日本都能找到它的踪影。荷包牡丹长有总状花序，花序长 10 ～ 30 厘米，花期 4 ～ 6 月，花形玲珑可爱，花色艳丽多彩，叶丛错落美观，是很受欢迎的观赏植物。

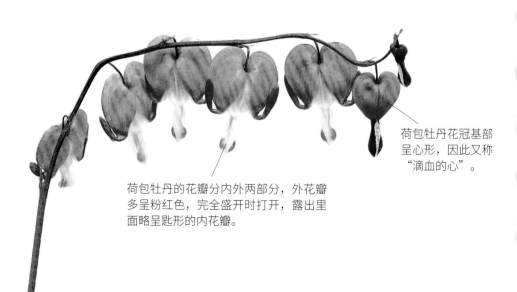

荷包牡丹花冠基部呈心形，因此又称"滴血的心"。

荷包牡丹的花瓣分内外两部分，外花瓣多呈粉红色，完全盛开时打开，露出里面略呈匙形的内花瓣。

▲ 自然DIY

种植荷包牡丹

　　荷包牡丹适合种植在庭院当中，如果想栽植在室内欣赏，需要选择一个较大、较深的花盆。种植过程中要注意光照，荷包牡丹喜阴，惧怕强光暴晒。因此，应将它种在大树下或上方有遮挡的地方，盆栽则可以放置在向东或向北的阳台上。它的根部肥厚不耐积水，注意不要浇水过多。

蔷薇科花卉

桃、梅、樱、杏、海棠、梨……这些蔷薇科植物不仅能结出甜美可口的果实，还能开出娇俏的花朵，或浅白，或粉红，在春季里争奇斗艳，令人难忘。蔷薇科是个大家族，其中包含羽叶花属、桃属、杏属、樱属、木瓜属、山楂属、草莓属、苹果属、李属、梨属等100多属，有4000多种植物，广泛分布于全球各地。有些蔷薇科植物的花长得十分相似，想要区分它们并不是件容易的事。不过，只要你细心观察，就会发现它们在花色、花梗、雌蕊数量、花药颜色等方面的区别。

杏属

杏属包含杏、山杏、梅等约8种植物，分布于亚洲东部、中部和高加索等地区，中国有7种。杏不仅是重要的果树，还能开出清新美观的花朵，在中国的栽培历史悠久。古人常以杏的花期作为指导农业生产的物候。古代科举会试公布考中者时，正是3～4月杏花开放的时节，因此公布结果的公示榜称为"杏榜"。杏果6～7月成熟，可鲜食或加工制作杏干、杏酱等，种仁味苦或甜。

杏果味甜多汁

杏花的萼片为紫绿色，开花后反折。

杏花呈白色或粉红色，每朵花有5枚花瓣，1枚雌蕊，雄蕊花药呈黄色。

山杏的花略小于杏花，萼片呈更加醒目的紫红色，开花后反折。

飞 花 令

绝句
古木阴中系短篷
[宋] 志南

古木阴中系短篷，
杖藜扶我过桥东。
沾衣欲湿杏花雨，
吹面不寒杨柳风。

樱属

樱属包含樱桃、欧洲甜樱桃等 150 多种植物，中国有近 40 种。樱属植物发源于喜马拉雅山脉附近，从中国东北到云南分布着许多野生樱属植物，中国人栽培樱属植物主要是为了收获果实，而观花品种的培育在日本更为普遍。山樱花、东京樱花、大叶早樱、日本晚樱等观花植物可统称为樱花，大多于春季开放。20 世纪 70 年代后，中国开始大量引种樱花树，武汉大学和北京玉渊潭公园已是国内著名的"赏樱之地"。

樱属植物的花序大多由 3～4 朵花组成，花梗明显，花瓣先端常有一个小缺口。

大叶早樱是开花较早的樱属植物，花期 3～4 月。

东京樱花又称日本樱花，是栽培范围最广的观赏樱，花期 4 月。

日本晚樱又称矮樱，花期 4～5 月。

苹果属

苹果属约有 35 种植物，包含海棠花、垂丝海棠、西府海棠、山楂海棠、苹果等。海棠花是中国著名的观花植物，树高可达 8 米，花序接近伞形，由 4～6 朵花组成，花梗较长，花期 4～5 月，果期 8～9 月。海棠花主要分布于北半球温带地区，中国河北、山东、陕西、江苏、浙江、云南等地有栽培。早在春秋时期，吴王夫差造园时就开始栽植海棠花。

西府海棠有较长的绿色花梗

垂丝海棠的花梗细长而下垂，萼片和花梗都偏紫红色。

人们将多种苹果属植物杂交，培育出了种类丰复、花色多变的杂交北美海棠，目前常见的观赏海棠大多是这些杂交品种。

光核桃又称西藏桃，树高可达10米。

北京紫桃的花萼和叶片都呈紫红色

桃之夭夭

　　蔷薇科桃属包含桃、山桃、榆叶梅、扁桃、光核桃等40多种植物，分布于亚洲中部至地中海地区，中国约有10种。桃属植物的花可统称为桃花。中国早在2500多年前就开始种植、欣赏桃属植物，培育出了形态各异的园艺品种。早在《诗经》中便有"桃之夭夭，灼灼其华"的诗句，赞美桃花的明艳之美。春季时，漫步桃花林，置身于成千上万朵怒放的桃花中，会给人以无限美好的遐想。

山桃

　　山桃又称苦桃、山毛桃，主要分布于中国山东、河北、四川、云南等地，多生长在山坡、山谷或荒野灌丛内。山桃树高可达10米，树皮呈暗紫色，花冠直径2～3厘米，花期3～4月，果期7～8月。山桃抗旱耐寒，又耐盐碱土壤。

花药呈红色

萼筒外侧无毛

山桃是春季最早开花的植物之一

飞 花 令

题都城南庄
[唐]崔护

去年今日此门中，
人面桃花相映红。
人面不知何处去，
桃花依旧笑春风。

桃树的枝干上会分泌胶质物质，又称桃胶、桃花泪，是一种可食用的聚糖类物质。

二色桃

菊花桃

瑞光桃

直枝型桃花较为常见，枝条自然向上生长，树冠舒展。

寿星型桃花的植株低矮，花朵长得比较密集。

寿星桃

瑕玉寿星桃

垂枝型桃花的枝条下垂

五宝垂枝桃

鸳鸯垂枝桃

照手白桃

帚型桃花的枝条密集，像一把倒放着的扫帚。

桃的萼筒外侧有毛，果实表面也是毛茸茸的。

油桃

蟠桃

桃

中国是桃的故乡，栽培桃的历史悠久，有油桃、蟠桃等众多变种。桃树高 3 ～ 8 米，花期 3 ～ 4 月，花单生于枝条上部，花梗极短或无梗，花冠直径 2.5 ～ 3.5 厘米。桃果期 8 ～ 9 月，果实多为卵形，果肉呈白、黄、红等颜色，香甜多汁，种仁味微苦。根据栽培用途，可将桃分为观赏桃和食用桃，根据外观差异可将观赏桃进一步划分为直枝型、寿星型、帚型、垂枝型、曲枝型、山碧桃等类型。

榆叶梅

榆叶梅又称小桃红，主要分布于俄罗斯及亚洲中部，在中国已有数百年栽培历史。榆叶梅树高 2 ～ 3 米，叶片形似榆树叶，花朵形态接近梅花，花冠直径 2 ～ 3 厘米，花期 3 ～ 5 月，果期 5 ～ 7 月。榆叶梅树形美观，花色艳丽，为各地公园中常见的观赏植物。

榆叶梅

重瓣榆叶梅

在古希腊神话故事中，红
玫瑰是被女神维纳斯的鲜
血染成的，象征着爱情。

玫瑰与月季

蔷薇科蔷薇属包含玫瑰、月季花、突厥蔷薇、野蔷薇、香水月季等200多种植物，广泛分布于全球寒温带至亚热带地区，中国约有95种。蔷薇属植物是直立或攀缘灌木，枝干上多有刺，花单生或形成伞房花序，花形美观。蔷薇属包含许多世界著名的观赏植物，经过人们的长期栽培，形成了数不胜数的园艺品种，最常见的就是鲜花店中的各种杂交月季。不论藤本或灌木，盆栽或切花，蔷薇属观赏植物都极为绚丽夺目，深受各国人民的喜爱，被赋予爱情、青春、美丽等意义。

玫瑰

玫瑰是蔷薇属灌木，又称滨茄子、刺玫等，最早出现于中国、日本和朝鲜等国家。与观赏用的月季花、香水月季等相比，玫瑰枝条上长有更多绒毛和皮刺，花朵香气更为浓郁，是制作玫瑰饼、玫瑰花茶和芳香精油的主要原料，经园艺栽培有重瓣至半重瓣品种，花色为紫红色或白色。

玫瑰的花瓣呈倒卵形，花期5～6月。

玫瑰果期8～9月

突厥蔷薇的花瓣多而厚

突厥蔷薇

　　突厥蔷薇是蔷薇属灌木，又称大马士革玫瑰、保加利亚玫瑰等，最早出现于小亚细亚地区，在欧洲栽培历史悠久。突厥蔷薇的枝条上通常有粗壮的皮刺，花梗细长，其伞房花序由 6 ～ 12 朵花组成，花瓣呈粉红色，含有芳香油，可制成香气甜美的玫瑰精油。位于保加利亚斯塔拉山脉附近的山谷，以盛产突厥玫瑰而闻名于世界，被誉为"玫瑰谷"。

　　由于产量少、成本高，以蔷薇属植物制成的玫瑰精油有"软黄金"之称。

月季花

　　月季花是蔷薇属灌木，又称月月花，最早出现于中国，现于全球各地广泛栽培，是中国十大名花之一。月季花是一种开花时间较长的植物，花期 4 ～ 9 月，花冠直径约 5 厘米，花形重瓣至半重瓣，呈红、粉、白等颜色，园艺品种很多，形态各异。中国最早关于月季花栽培的记载可追溯到北宋。到清朝时，中国培育的月季品种数量已居世界前列。

绿萼月季　　　　月月粉月季是一个　　　　粉团蔷薇由分布于中国的野蔷
　　　　　　　　古老的中国品种　　　　薇培育而成，可攀缘于棚架上
　　　　　　　　　　　　　　　　　　形成"鲜花瀑布"般的景观。

月季花的枝条表面有短粗的钩状皮刺，花冠直径约 5 厘米。

现代杂交月季

　　蔷薇属植物自古以来深受人们喜爱，园艺师以杂交为主要育种方式，栽培出了绚丽多姿的观赏品种。18 世纪末，中国培育的月月红月季等品种传入欧洲，与当地的法国蔷薇、百叶蔷薇等植物反复杂交，形成新品种法兰西月季。园艺学家以此为分界点，将法兰西月季及其以后出现的品种称为现代杂交月季。现代杂交月季保留了中国月季花品种的优点，可四季开花，花朵硕大而丰满。

蓝色梦想月季　　　　勃艮第冰山月季　　　　诺威奇城堡月季　　　　法兰西月季是第一个现代杂交月季品种

石竹科花卉

石竹科包含剪秋罗属、石竹属、蝇子草属、石头花属和肥皂草属等80多属，有2000多种植物，主要分布在全球温带地区，以地中海地区为分布中心。石竹科植物的花几乎都为两性花，花冠呈辐射对称，组成伞形花序、圆锥花序或集生成头状，每朵花由4～5枚花瓣组成。石竹科中有许多美丽的园艺花卉，其中最为著名的是象征母爱的康乃馨。

红色的康乃馨可以用来表达对母亲的爱意

香石竹

香石竹是石竹属草本植物，又称康乃馨，最早出现于地中海地区，现于全球各地广泛栽培，是世界三大切花之一。香石竹的茎直立，多分枝，株高 70～100 厘米，基部半木质化。它的花通常单生，花瓣呈扇形，呈大红、粉红、鹅黄、白等颜色，还有杂色、镶边色等丰富多样的花色变化。香石竹的园艺品种繁多，花期长，还有悦人的香气，不论是制作插花、花束、花篮，还是布置花坛、公园，香石竹都是一个不错的选择。

白色的康乃馨常用来纪念已故的母亲

英国作家王尔德喜欢佩戴染成绿色的康乃馨

有些康乃馨品种的花较小，玲珑可爱。

有些康乃馨品种的花大而丰满，绚丽多姿。

石竹

　　石竹是石竹属草本植物，最早出现于中国北部，多生长在草原和山坡草地。石竹的花单生于枝端，或数朵花形成聚伞花序，花瓣边缘有浅浅的锯齿状裂纹，呈紫、红、粉、白等颜色。石竹在园艺师的培育下，形成了许多美观的品种，很适合栽种在家中。栽培时，可将石竹摆放在阳光充足的地方，但要避免烈日暴晒，温度尽量保持在 10℃以上。

石竹花期 5 ～ 6 月

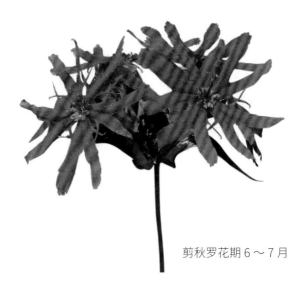

剪秋罗花期 6 ～ 7 月

剪秋罗

　　剪秋罗是剪秋罗属草本植物，又称剪红罗、雄黄花、剪夏罗等，在中国华北、华东、华中及西南地区都有分布，多生长在海拔 300 ～ 1000 米的山坡上，可栽培供人观赏。剪秋罗长有顶生的聚伞花序，花冠由 5 枚红色的花瓣组成，花瓣顶端像被撕裂一样，边缘呈流苏状，基部还有长爪般的结构。

 繁缕果实为蒴果，种子稍扁，果期 7 ～ 8 月。

繁缕

　　繁缕是繁缕属草本植物，又称鹅肠菜、鸡儿肠等，是常见的田间杂草，同样娇俏可爱。数一数繁缕的花，你可能会认为每朵花有 10 枚花瓣，其实繁缕只有 5 枚花瓣，每枚花瓣边缘深裂，近乎一分为二，形成了看似 10 枚花瓣的特征。繁缕属包含繁缕、多裂繁缕、鸡肠繁缕、网脉繁缕等约 120 种植物，几乎都具备这种"假十瓣"的特征。

繁缕株高 10 ～ 30 厘米，花期 6 ～ 7 月。

繁缕花冠的纵截面

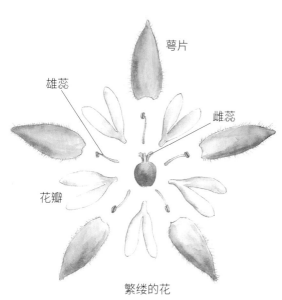

萼片

雄蕊

雌蕊

花瓣

繁缕的花

菊科花卉

菊科是一个规模庞大的家族，包含菊属、大丽花属、非洲菊属、矢车菊属、雏菊属等约1600属，有2.4万～3.2万种植物，多为草本植物，广泛分布于全球各地。大多数菊科植物依靠昆虫传粉，为此，它们长有许多小花密集排列而成的头状花序，边缘为单性的舌状花，中央有排列成平面的两性管状花，便于昆虫在上面爬行。这样精巧而夺目的花冠，不仅能吸引昆虫的注意，也为人类所喜爱，菊花、大丽花、非洲菊、金光菊等是广受欢迎的菊科观赏植物。

雏菊是雏菊属草本植物，头状花序单生于茎顶端，花期3～5月。

菊花

菊花是菊属草本植物，由野生菊杂交演化而来，其花序外围的舌状花形状多变，有的扁平细长，有的细长卷曲，有的长而似管，形成了丰富的花形。菊花最早出现于中国，是中国十大名花之一。古时候，每到秋冬之际，百花凋零，唯有菊花傲然独放，被人们视为顽强有气节的象征。

这个菊花的品种名为霞光缀宇，花瓣纤长，绚丽如霞。

| 非洲菊 | 金盏花 | 万寿菊 | 勋章菊 |

矢车菊

矢车菊是矢车菊属草本植物，又称蓝花矢车菊，最早出现于欧洲。矢车菊的头状花序上只有管状花，边缘的花较大，并裂成锯齿状，呈白、红、紫、蓝等颜色。矢车菊不仅是全球各地常见的观赏植物，还是一种良好的蜜源植物，花亦可用于提取染料。

非洲菊

非洲菊是非洲菊属草本植物，又称扶郎花，最早出现于非洲。19世纪末，人们在南非开采金矿时，发现了当地的野生非洲菊，并送到植物园培育，丰富的非洲菊品种便由此诞生。非洲菊的美丽之处主要源于最外层的舌状花，而最中央的管状花外还有一层管状的单性花。

大丽花

大丽花是大丽花属草本植物，又称红苕花、天竺牡丹等，最早出现于墨西哥。大丽花花色娇艳，花期甚长，易于栽培，可用于布置花坛、花境，或盆栽、切花观赏。它的头状花序由管状花和舌状花组成，舌状花呈紫红、淡红、白等颜色。

飞 花 令

饮酒（其五）

[东晋] 陶渊明

结庐在人境，而无车马喧。
问君何能尔？心远地自偏。
采菊东篱下，悠然见南山。
山气日夕佳，飞鸟相与还。
此中有真意，欲辩已忘言。

大丽花花期 6～12 月

矢车菊株高
30～70 厘米

花形、花色丰富多变的菊花

盆景与插花

赏花是一项流行于古今中外的文化活动，不同地方、不同季节可观赏到迥然不同的美丽花卉，春日百花盛开，盛夏莲花亭亭，秋来持螯赏菊，冬季梅花胜雪。除了欣赏自然环境中的花，人们还将植物的美浓缩在一方小小的"天地"，用盆景中的每一根枝丫、插花作品中的每一朵鲜花，来演绎和延伸大自然无穷无尽的美感。

盆景

盆景是源于中国的传统艺术，距今有 1200 多年的历史。盆景通过寓大于小的手法，取自然之优，去自然之劣，以人工思维模仿自然，被誉为"无言的诗词，活的艺术品"。常用于盆景造型的植物有罗汉松、槐、铁线蕨、月橘等。

1972 年在陕西乾陵发掘的唐朝章怀太子墓中，甬道东壁绘有侍女手托盆景的壁画，是已知的全球最早盆景实录。

罗汉松是最常见的盆景植物之一，其枝叶四季常青，有富贵长寿的寓意。

盆景的样式

盆景可大致分为树桩盆景和山水盆景两类。树桩盆景多选用枝叶细小、盆栽易成活、生长缓慢、根干奇特的植物。山水盆景需先选定主题，布局要主次分明，运用透视原理，配以大小相宜的草木、亭桥等，用浅盆衬托，达到小中见大、咫尺千里的艺术效果。中国盆景艺术流派主要有岭南派、川派、徽派、海派、扬派等。

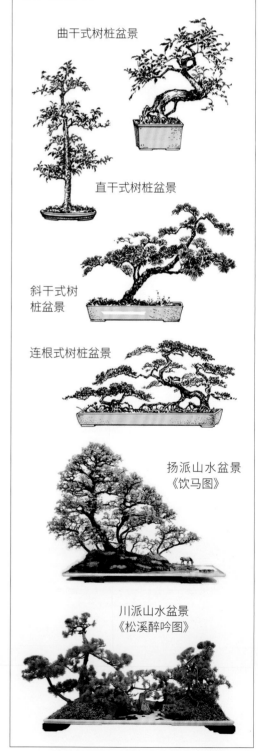

曲干式树桩盆景

直干式树桩盆景

斜干式树桩盆景

连根式树桩盆景

扬派山水盆景《饮马图》

川派山水盆景《松溪醉吟图》

插花

插花是利用植物及其他有观赏价值的材料进行创作的造型艺术，由花材、花器等要素构成。插花中要用到的花材，主要分为鲜花花材、干燥花材和人造花材。花器是供插花用的器皿，包括瓶、盘、钵、篮、盒等。定枝器是为了作品的造型而用于固定、支撑花材的器具，常用的有花泥、剑山、铁丝等。

学习插花

学习插花技艺的方法有很多，我们可以在家自己琢磨学习，也可以参加花艺培训班。学习花艺的流程大同小异，首先，我们要熟悉插花工具和基本的花材知识；之后，要了解各种花束造型，锻炼对整体空间感的想象力；最后，还要反复练习插花的手法，让花朵的造型随我们的想法而改变。

学习插花能提升我们的审美能力，锻炼耐心。

花材　剑山　水　花器　修枝剪

用修枝剪将花材修剪成适宜的长度

将花材按照自己设想的姿态插到剑山上

将最夺目的主花材插到合适的位置

用手稍微调整花材的角度和位置

简单的插花作品就完成了

中国隋朝时代的佛堂供花传播到日本，日本花道由此诞生，并衍生出多种流派。

中式插花秉承中国传统的自然审美情怀，会让观者瞬间驰骋自然，从与花对话的过程中感悟生命的价值。

植物园

　　植物园是收集、繁殖和研究植物的科学研究机构，可用于保护濒临灭绝的植物。在植物园工作的园艺师，会根据植物的种类、形态等，有规划地栽种植物。游客漫游其间，能充分体会到园艺之美、园圃之乐，并学习到专业的植物知识。意大利的帕多瓦植物园建于1545年，是全球最早的现代植物园。目前全球有2400多个较大型的植物园，分布在150多个国家。

上海辰山植物园于 2011 年开园，主要有矿坑花园、水生植物园、小动物园等园区。

相传空中花园由新巴比伦王国的尼布甲尼撒二世为其王妃安美依迪丝而建

巴比伦空中花园

　　巴比伦空中花园修建于约公元前 6 世纪，被认为是最早的古代植物园，现已不复存在。据说空中花园采用立体造园的手法，花园建于四层平台之上，由沥青及砖块建成，平台由 25 米高的柱子支撑，并且有灌溉系统，园中种植着各种花草树木。

帕多瓦植物园至今仍保留着最初的建筑布局，其圆形土地设计象征着整个世界。1997 年，帕多瓦植物园被列入《世界遗产名录》。

伦敦基尤皇家植物园

伦敦基尤皇家植物园又称英国皇家植物园、邱园，坐落在英国伦敦泰晤士河畔，原是英国皇家园林，是全球最大的西式植物园之一。邱园收藏植物种类之丰堪称世界之最。全园有5万多种植物，约占已知植物的1/7。这些植物大都按科属分类种植，并根据生态条件适当搭配造景。2003年，邱园被列入《世界遗产名录》。

邱园内设有26个专业花园和6个温室园，其中包括水生花园、树木园、杜鹃园、竹园、玫瑰园、日本风景园、柏园等。

邱园内的宝塔仿照南京大报恩寺琉璃塔而建

儿童植物园

儿童植物园是专门为孩子们准备的欢乐园地，可以通过寓教于乐的方式向孩子传授与植物有关的知识。儿童植物园内常种植捕蝇草、含羞草等儿童感兴趣的植物，会让孩子们充分感受大自然的神奇魅力。

未来的植物园

近年来，人们越来越认识到人口过剩、全球气候变暖、环境污染等问题对地球生态系统的威胁。植物园作为植物学界与普通大众相互交流的媒介和平台，可以在未来提供更多项目，帮助民众理解保护生物多样性、可持续发展等理念的意义，传播环境保护理念。

儿童植物园会开展一些实践活动，让孩子们亲近自然，体验种植的乐趣。

位于英国康沃尔郡的伊甸园项目，使用可降解的复合材料建成半圆形的温室，并在每个温室里模拟不同的自然生物群落。

北京植物园

北京植物园位于中国北京西北郊香山公园附近，园内栽培了150万株以上的不同植物，其中有水杉、巨魔芋等珍稀植物，园内植物展览区分为观赏植物区、树木园和温室区。北京植物园是一座典型的中式植物园，园内除自然景观外还有卧佛寺、曹雪芹纪念馆、"一二·九"运动纪念亭等文化景观。

北京植物园栽有600多种植物

野大豆是大豆属植物，具有抗病、抗寒、耐盐碱等优良性状，可用于大豆育种。

中原有菽

大豆是豆科大豆属草本植物，又称黄豆，最早出现于中国，现于全球各地广泛栽培，是重要的粮食作物和油料作物。大豆是中国古代先民利用野生植物不断改良、驯化而来的，在中国有5000年以上的种植历史，栽培品种达上千个。古人以"菽"来指称大豆及用途相近的豆科植物，用途广泛的大豆深刻地影响了中国人的生活方式与饮食习惯。

大豆的形态特征

大豆株高30～90厘米，茎较为粗壮，叶通常具3枚小叶，长有总状花序，花冠呈紫色或白色，是自花传粉植物，花期6～7月。大豆长有荚果，果期7～9月，每个荚果中有2～5颗种子，种皮光滑，呈淡绿、黄、褐和黑等多种颜色，形态因品种而异。

我们可以把未完全成熟的豆荚煮熟，食用里面的豆粒。这时豆荚表面尚有一层毛，又称毛豆。

大豆的茎、叶、花萼和果实表面覆盖着较硬的毛

大豆的花冠呈蝶状，直径4～10毫米。

大豆自地表至 20 厘米左右
深处的根部生有根瘤

大豆与根瘤菌

　　大豆的生长离不开一种重要的细菌——根瘤菌。根瘤菌主要通过植物的根毛侵入植株，刺激大豆根部形成根瘤，将环境中的氮转换成养分输送给大豆，同时根瘤菌也能从大豆根部吸收一些养分。在根瘤发育良好的情况下，根瘤菌能够供应大豆需氮量的 1/3 ～ 1/2。农民们有时会在其他作物的农田中种植一些大豆，利用大豆与根瘤菌互利共生的关系来有效固氮，提升土壤肥力。

大豆的利用

　　大豆种子富含植物蛋白质、脂肪和维生素，被誉为"豆中之王""田中之肉"。以大豆为原料可制成酱油、豆腐、豆浆、腐乳、腐竹、豆芽、植物油、植物奶油等风味各异的食品。现在，科学家还以大豆为原料，制造出一种"人造肉"，可用来代替动物肉供人食用。用大豆种子榨出的油脂可用于制造油漆、肥皂、油墨、甘油、化妆品等化工产品。

各种各样的豆制品

豆芽是用大豆或绿豆
种子培育成的幼芽

大豆可磨制成豆浆，再加入凝固剂可变成豆
腐，中国是最早开始制作豆浆和豆腐的国家。

豆科

　　豆科包含合欢属、落花生属、大豆属、豇豆属等 700 多属，约有 1.9 万种植物，广泛分布于全球各地，中国有 1400 多种。除了大豆以外，豆科还包含蚕豆、豌豆、赤豆、绿豆、豇豆、豌豆、扁豆和四季豆等多种农作物，是人类获取淀粉、蛋白质和油脂的重要来源。

飞花令

诗经·小雅·小宛
[先秦] 佚名

中原有菽，庶民采之。
螟蛉有子，蜾蠃负之。

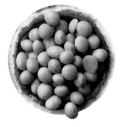

大豆

赤豆

绿豆

豌豆

鹰嘴豆

菜豆

稻

米饭、米粥、米粉、年糕……有一种植物变换着各种形式，登上人们的餐桌，影响全球近1/3人口的生活，这种重要的粮食作物就是稻。稻是禾本科稻属草本植物，又称水稻、稻子等，主要分布于亚洲热带地区。中国是世界上栽培和利用稻子历史最悠久的国家之一，殷商甲骨文中已出现"稻"字。"稻花香里说丰年，听取蛙声一片"，稻子丰收意味着生活的富足，自古以来就为人们所期盼。

为了让水稻有充足的生存空间，人们会将发育了一段时间的秧苗栽于水田中。

为了能在丘陵山地种植水稻，中国人发明了梯田。梯田是沿等高线修筑的阶台式或波浪式断面的农田，具有保水、保土、保肥等作用。

栽培稻的果实上几乎没有芒，成熟后仍挂在茎上。

野生稻的果实上有长长的芒，能保护稻粒，并帮助稻粒扎到泥土中发芽。

稻的形态特征

稻长有须根系，不定根发达，茎直立而中空，株高1米左右，叶片呈披针形，长40厘米左右。稻长有圆锥花序，每个稻穗上有100～200个小穗，每小穗含1朵成熟花。稻穗结出的果实为颖果，又称稻谷，稻谷经多道加工后成为我们平时吃到的大米。

稻子的花序有很多分枝，长约30厘米，稻穗成熟后下垂，就像被沉甸甸的稻谷压弯了"腰"。

稻的品种分类

按照地理分布、形态特征等方面的差异，稻可大致分为籼稻和粳稻。籼稻谷粒细长，耐热，耐强光，多种植于温暖湿润的地方，成熟速度较快，泰国香米就是一种籼稻。粳稻谷粒宽短，较耐冷，多种植于中国黄河流域和东北部，成熟速度较慢，东北大米就是典型的粳稻。

除了常见的白色大米以外，还有糙米、红米、黑米和糯米等不同品种的稻。

种植海水稻

中国是一个人口众多的国家，粮食需求量很大，但耕地面积有限，很多地区无法种植水稻、小麦等粮食作物。为了缓解这一矛盾，人们设法培育更高产、抗逆性更强的农作物。中国科学家正在培育、试种海水稻，海水稻是一个耐盐碱的水稻品种，能在沿海滩涂、沙漠等特殊环境中正常生长、结果。

位于江苏连云港市的海水稻试验田

桑

桑是桑科桑属乔木或灌木，又称桑树、家桑、蚕桑等，最早出现于中国中部和北部，是中国人最早栽培的经济作物之一。在悠久的种植历史中，桑被开发出许多用途：叶可为家蚕饲料，木材可制器具，枝条可编箩筐，桑皮可造纸，果实可供人食用、酿酒。桑属包含桑、鸡桑、蒙桑、黑桑等约16种植物，主要分布于北温带地区，中国约有11种。

桑的果实是长柱形的聚花果，果期5～8月。

桑的形态特征

桑的植株形态多变，因品种而异。桑树高3～10米或更高，胸径可达50厘米，枝条有直立、开展或垂卧等不同形态。桑的叶片互生，有心脏形、卵圆形或椭圆形等形状，边缘有不同形状的锯齿，即使同一棵桑树上的叶片形状也不尽相同。桑树普遍雌雄异株，长有柔荑花序，花期4～5月。桑的果实呈白色或紫色，称为桑葚，成熟后酸甜多汁。

桑的雌花序长约1厘米　　雄花序长约3厘米，能快速弹射花粉，借助风力传粉。

为了方便采摘桑叶，人们将高大的野生桑树驯化成较低矮的植株。

有些桑叶的叶裂形状就像被啃食后的样子，这可能是为了躲避昆虫袭击的伪装。

桑与蚕

　　桑叶富含蛋白质，是蚕钟爱的食物。中国古人发现蚕吃下桑叶后，会吐出优质的蛋白纤维，便开始驯化桑树、饲养家蚕。但桑树并不甘于充当蚕的口粮，叶片被啃咬后，桑树会释放出化学物质茉莉酸，来吸引蚕的天敌，间接保护自己。蚕也有巧妙的应对策略，吃桑叶时，它们会分泌一种生物酶，抑制茉莉酸的生成。

桑叶中的蛋白质被蚕吸收后会转变为蚕丝

桑的生长习性

　　桑树喜阳光充足、土壤肥沃的环境，最适宜的生长温度为25℃～30℃。光照充足时，桑树枝叶生长健壮，叶色深，叶肉厚。中国江苏、浙江的桑园，一般在5月下旬采收桑叶、饲养春蚕，随后剪去桑树枝条。此时桑树的光合作用暂时中断，须根趋于枯萎。7～10天后桑树便重新萌芽，根部长出新的须根。进入夏季和秋季时新叶可继续生长，供人们采摘3～4次，直至秋末落叶休眠。

桑与中国历史

　　中国是世界上最早栽桑养蚕的国家，殷商甲骨文中已有"桑"字，战国青铜器上也有提筐采桑的图纹，栽桑养蚕已成为人们日常生活中非常重要的一部分。战国思想家孟子曾向梁惠王进言，如果在每户五亩大的宅院周围种上桑树，全国50岁以上的人就都能穿上丝织品。春秋战国时期，每逢采桑育蚕的季节，国家还会举行盛大的庆典。到了汉朝，桑蚕生产进入鼎盛期，中国制造的丝绸通过丝绸之路运往亚洲中部、西部及欧洲，闻名于世界。

考古学家曾在中国浙江省发现4000多年前的绸布片，这是世界上已知最早的家蚕丝织品实例。

趣说草木

种桑抵罪

北宋时期，范纯仁出任襄城知州，发现当地百姓非常穷苦，便号召人们种植桑树改善生活。

政令发出后无人响应，范纯仁思来想去，想出用种桑树代替刑罚的办法。

罪行较轻的人可种桑抵罪，免受牢狱之苦。于是罪犯纷纷种桑、养蚕、织布……

几年之后，越来越多的襄城人种桑养蚕，百姓脱离了贫困的窘境。

药用植物

在中国，以植物治疗疾病已有数千年的历史。神农尝百草是中国人耳熟能详的古老传说，春秋战国时期已有关于药用植物的文字记载，《诗经》和《山海经》中记录了50多种药用植物，明朝《本草纲目》收载的药用植物达1200种。传承至今，《中国药用植物志》等著作收载的药用植物已达5000种以上。药用植物的发现、利用及栽培，是人类通过长期的生活和生产实践，逐渐积累经验和知识的结果。

连翘果期7～9月，寒露节气前采集其成熟果实，晒干后即为中药材老翘。

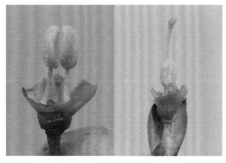

短花柱能避免影响雄蕊传播花粉

较长的花柱便于接收花粉、结出果实

连翘

连翘是木樨科连翘属灌木，在日本和中国河北、山西、陕西等地均有栽培。连翘的生命力和适应性都很强，根系发达，多生长在山坡灌丛、林下或草丛中。连翘入药始载于《神农本草经》，其果实具有清热解毒、消结排脓的功效，叶片还可用于治疗高血压、痢疾、咽喉痛等病症。连翘还是常见的园艺观赏植物，其树姿美观，花盛开时满枝金黄、芬芳四溢。

连翘的花先于叶出现，花期3～4月，花冠由4枚裂片组成。

忍冬

　　忍冬是忍冬科忍冬属藤本植物，又称金银花、鸳鸯藤、老翁须等，入药始载于《名医别录》，"金银花"之名始见于《本草纲目》。忍冬在中国的分布范围很广，多生长在山坡灌丛、疏林、路旁等地，并已广泛栽培。忍冬的花蕾可入药，具有清热解毒、消炎退肿等功效，可治疗上呼吸道感染、肠炎、痢疾、痈肿等病症。忍冬通常一蒂二花，开花时成双成对，花期4～6月，果期10～11月。

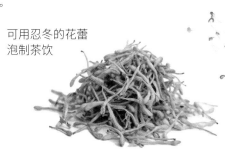
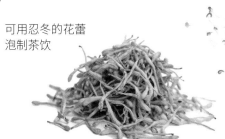
可用忍冬的花蕾
泡制茶饮

忍冬的花初开时呈白色，后转为黄色，由此得名"金银花"。

甘草

　　甘草是豆科甘草属草本植物，又称甜草、甜根子等，广泛分布于亚洲、欧洲和大洋洲，多生长在干旱的荒漠草原、沙漠边缘和丘陵地带。甘草的根和根状茎较粗壮，味甜，具有补脾益气、清热解毒、祛痰止咳等功效，入药已有2000多年的历史。许多味中药加入甘草慢慢煎熬后，药性会变得温和平缓，易入脾胃，达到最佳治疗效果。因"调和众药有功"，南朝医药学家陶弘景将甘草称为"国老"。

大黄

　　大黄是一味重要的中药材，由蓼科大黄属植物的根和根状茎制成，具有泻热毒、破积滞、行瘀血等功效。古人称大黄有"推墙倒壁"之功效，宛如所向披靡的将军。大黄属包含60多种植物，主要分布于亚洲温带、亚热带的高寒山区，其中有大黄、掌叶大黄、鸡爪大黄、药用大黄等多种药用植物。服用中药大黄应严格遵循医嘱，因其最突出的作用是"泻下"，可能会使人不适。

甘草花期6～8月，
果期7～10月。

药用大黄株高1.5～2米，分布于中国陕西、四川、湖北、贵州、云南等地。

药用大黄长有圆锥花序，花期5～6月。

大黄

绵马贯众

黄连

麻黄

甘草

红景天

连翘

板蓝根

将这些中草药按一定比例配伍，可制成清瘟解毒、宣肺泄热的药方，治疗流行性感冒等病症。

人参是多年生植物，自然状态下生长速度非常缓慢，从种子萌发到果实成熟需要数年时间。

果实

人参的叶片轮生于茎顶

人参

　　人参是五加科人参属草本植物，因根如人形而得名，被誉为"百草之王"，主要分布于中国东北部以及俄罗斯、朝鲜等国家。自西汉时期有记载以来，人参的功效逐渐为中医所重视，有关人参的神秘传说更是数不胜数，如《春秋纬》中记载"摇光星散而为人参"。但由于被人类过度采挖，野生人参如今已非常稀少，是国家一级保护野生植物。人参属包含三七、假人参、西洋参等约8种植物，主要分布于亚洲和北美洲，中国约有6种。

三七具有一定的药用价值，野生种已经灭绝。

假人参有细长的根状茎，广泛分布于中国西南山地和喜马拉雅山脉低海拔地区的森林里。

西洋参又称五叶人参、花旗参等，主要分布于北美洲，因保护得当，野生种尚无灭绝之虞。

人参的花序直径约 1.5 厘米

人参的形态特征

　　人参多生长在海拔数百米的落叶阔叶林或针阔混交林中，主根呈纺锤形或圆柱形，地上茎高30～60厘米，叶片为3～6枚小叶组成的掌状复叶，伞形花序顶生，果实呈扁球形，种子呈肾形。人参的根中含有多种人参皂苷，以及人参炔醇、多肽、氨基酸、胆碱和维生素等成分，其根、茎、叶、花、果均可入药。

根状茎又
称芦头

人参长有肥
大的主根

须根

人参的功效

　　中医理论认为，人参能大补元气，具有"复脉固脱"之功，在病人气血俱虚、脉微欲绝之时，服用人参煎煮而成的浓汤能挽"大厦之将倾"。人参的根能调节人的中枢神经，可提高脑力劳动和体力劳动效率，具有抗疲劳、增强机体免疫、抗炎和抑制肿瘤等功效。人参叶片还有生津益气和降虚火的作用，可制成人参茶饮用。但如果过量服用人参，会产生兴奋不安、头痛眩晕、口燥舌干、出血、皮疹等副作用，甚至导致中毒。

人参的栽培

　　自古以来，人参就被视为珍贵的药用植物，因此而遭到过度采掘，野生人参几乎遭遇"灭顶之灾"，直到现在仍没有得到妥善的保护。自明清时期开始，野生人参资源已经难以满足市场需要，人们开始栽培人参。成熟的栽培技术使人参走下"神坛"，进入寻常百姓家。如今，我们应保护珍稀的野生人参，只购买人工栽培的人参及人参制品。

栽培人参的温室大棚　　播种在山林中、人力极少干预的栽培人参称为林下参

红参是人参的根经蒸
制后晒干或烘干而制
成的，表面有纵沟纹。

趣说草木

虔诚的采参人

古人采参时有诸多讲究，如采参前应备好工具，进山后焚香祭拜，寻参时不能说话等。

发现人参时，采参人要大喊"棒槌"，挖出人参后要用红绳捆绑，让人参无法"逃跑"。

人参的须根在地下错综盘绕，采参人需具备丰富的经验，才能挖出完好无损的人参。

传统采参人不采一年以下的小苗，采参后会将种子重新埋入土中，希望人参可继续繁衍。

黄花蒿长有球形的头状花序，花序直径仅 2 毫米左右，由 10 ～ 30 朵两性花组成。

神奇的"青蒿"

菊科蒿属植物种类繁多，广泛分布于中国大地。人类在认识它们的过程中，发现了一株改变世界的小草——黄花蒿。中国科学家屠呦呦领导团队发现并成功提取黄花蒿中的青蒿素，将其应用于临床，使疟疾患者的死亡率显著降低，因此获得诺贝尔生理学或医学奖。

蒿属

菊科蒿属包含黄花蒿、青蒿、艾、茵陈蒿、白苞蒿、牡蒿等 380 多种植物，分布于亚洲、欧洲及北美洲部分地区，多生长在离人们居住地较近的旷野或路旁，中国有 180 多种。蒿属植物常被统称为蒿子，多为具有浓烈气味的草本植物，叶片多羽状分裂，普遍长有较小的头状花序。蒿属植物大多含挥发油、有机酸及生物碱，具有消炎、止血、抗疟等功效。

艾又称艾蒿、灸草等，茎叶上密布绒毛，可入药或用于艾灸，清明时节的传统糕点青团中也常加入艾叶。

白苞蒿

牡蒿

茵陈蒿

寻找"青蒿"

　　中国古代多部医书中有关于"青蒿"的记载，已知最早的文献是马王堆汉墓出土的帛书《五十二病方》。随着植物分类学的发展与完善，"青蒿"在正式命名过程中出现了讹误，改称为黄花蒿。古人所说的"草蒿""青蒿""黄花蒿"基本上指的都是黄花蒿，中药材"青蒿"指的也是黄花蒿干燥的地上部分。而现代植物学中的青蒿指的是另一种药用价值较低的蒿属植物，其分布和应用范围都不及黄花蒿广泛。

青蒿的气味较淡，花果期6～9月。

黄花蒿

　　黄花蒿又称香蒿、草蒿等，广泛分布于欧洲和亚洲的寒温带、温带、亚热带地区，多生长在路旁、荒地、山坡、草原等地。黄花蒿株高1～2米，花呈深黄色，花果期8～11月。黄花蒿含挥发油、青蒿素、樟脑、青蒿酮等成分，具有清热解疟、祛风止痒的功效，与其他药物搭配可治疗伤暑、疟疾、恶疮疥癣等病症。

黄花蒿的茎幼时呈绿色，之后逐渐变为红褐色，多分枝。

黄花蒿的叶片长3～7厘米，羽状深裂。

青蒿素的发现

屠呦呦多年从事中西药结合研究，成功研制新型抗疟药。

　　公元340年，东晋医药学家葛洪在《肘后备急方》一书中描述："青蒿一握，以水二升渍，绞取汁，尽服之。"在研究黄花蒿抗疟效果的过程中，中国科学家屠呦呦受到《肘后备急方》的启发，降低了提取温度，由乙醇提取改为用沸点更低的乙醚提取，最终成功获得有活性的青蒿素。屠呦呦带领团队创制的新型抗疟药青蒿素和双氢青蒿素，对鼠疟和猴疟的抑制率达到100%，挽救了全球特别是发展中国家数百万人的生命。目前，这些药剂是世界卫生组织治疗疟疾的首要工具。

飞花令

诗经·小雅·鹿鸣

[先秦] 佚名

呦呦鹿鸣，食野之蒿。

我有嘉宾，德音孔昭。

趣说草木

可怕的疟疾

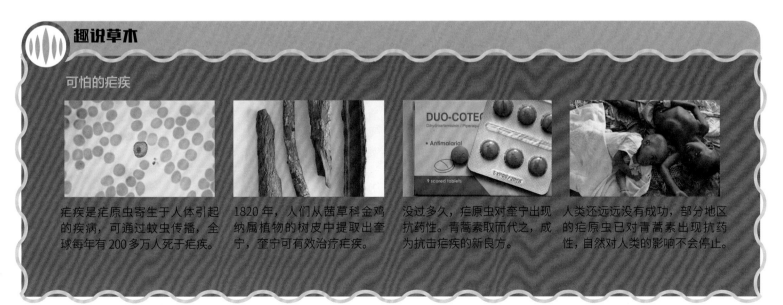

疟疾是疟原虫寄生于人体引起的疾病，可通过蚊虫传播，全球每年有200多万人死于疟疾。

1820年，人们从茜草科金鸡纳属植物的树皮中提取出奎宁，奎宁可有效治疗疟疾。

没过多久，疟原虫对奎宁出现抗药性。青蒿素取而代之，成为抗击疟疾的新良方。

人类还远远没有成功，部分地区的疟原虫已对青蒿素出现抗药性，自然对人类的影响不会停止。

茶梅花期 1～2 月

茶花

山茶科山茶属有120多种植物，包括山茶、茶、茶梅、滇山茶、油茶、金花茶等，最早出现于亚洲东部，中国有90多种。山茶属植物以繁茂的枝叶和美丽的花朵著称于世，茶花是人们对山茶属观赏植物的统称，是中国十大名花之一。山茶属植物的花单生或2～3朵并生，每朵花有5～12枚花瓣，主要花形有单瓣形、半重瓣形、托桂形、重瓣形等。

茶梅

茶梅是山茶属乔木，最早出现于日本，在中国常种植于庭院或盆栽。茶梅比较耐寒，在恶劣的环境下也能绽放花朵。茶梅的树形娇小秀丽，叶形雅致，花朵较小，花冠直径4～7厘米。

滇山茶

滇山茶是山茶属乔木，又称云南山茶、滇茶花等，在中国有1000多年的栽培历史，于云南广泛种植，包含狮子头、紫袍等130多个美丽的园艺品种。滇山茶树高可达15米，树干较粗，花冠直径可达15厘米。

滇山茶花期 11 月～翌年 3 月

山茶属植物的雄蕊多排成2～6轮，外轮花丝常于下半部连合成花丝管。

山茶

山茶是山茶属灌木或乔木，又称薮春、山椿、耐冬、晚山茶等，最早出现于中国，在四川、台湾、山东、江西等地有野生种，于全球各地广泛栽培，是常见的庭院观花植物。山茶原始品种开单瓣花，多呈红色，花期1～4月。园艺品种的花呈淡红、粉、白等不同颜色，多为重瓣花。

观赏用山茶多为灌木

长蕊金心山茶是单瓣型园艺品种，花瓣单层排列，雄蕊明显。

银白查理斯山茶的花瓣排成多层，雄蕊明显。

金盘荔枝山茶是托桂型园艺品种，外层花瓣大，花心呈半球状。

丽贝牡丹山茶的花冠由花瓣、瓣化雄蕊和雄蕊组成

白十八学士山茶的花冠呈六角型，由70～130枚花瓣组成。

重瓣形的山茶十分美丽，花冠呈球状，多层花瓣重叠排列，遮盖住中心的雄蕊。

五色八重散椿山茶　　　石榴红山茶　　　五色赤丹山茶　　　岩根绞山茶

金花茶

金花茶是山茶属灌木，最早出现于越南和中国广西，在亚热带雨林或次生林下生长茂盛。金花茶的花冠呈金黄色，具蜡质光泽。金花茶是国家二级保护野生植物，被誉为"植物界大熊猫""茶族皇后"。

金花茶花期11～12月

油茶

油茶是山茶属灌木或乔木，又称野油茶、山油茶、单籽油茶等，于中国长江流域至华南地区广泛栽培。油茶的种子含油率很高，榨出的茶油不仅是优质食用油，还可用作机器润滑油或防锈油。中国食用茶油的历史久远，《山海经》里就有"员木南方油食也"的记载。

油茶花期
10～12月

油茶长有蒴果，果实直径2～4厘米。

茶

茶是山茶科山茶属灌木或乔木，古称茶、诧、茗、菝等，最早出现于中国。传说茶的发现与利用起源于史前神农时期，茶被用作药物、朝贡品和祭祀品，人们会直接咀嚼茶的叶片，或将叶片放在水中煮沸后饮用。从晋朝开始，人们将茶叶碾成粉末后煮茶。明朝至今，用沸水沏泡茶叶成为中国人饮茶的主流方式。经过数千年的积淀，中国在制茶、饮茶方面形成一系列完备的技艺，造就了独特的茶文化。

茶的花冠比较小，花期10月～翌年2月。

《茶经》成书于唐朝，被誉为"茶叶百科全书"。

《茶经》

《茶经》于公元780年为陆羽所著，是世界现存最早、最完整、最全面介绍茶的专著。书中详细记述了种茶、采茶、饮茶及工具和器皿的运用等事宜。陆羽为传播茶文化做出了重要贡献，被后人称为茶圣、茶祖、茶仙等。

中国长江以南地区土地肥沃、气候温和，是中国的茶叶主产区。

茶的传播

中国是茶的故乡，是世界上制茶、饮茶最早的国家。隋朝时期，中国饮茶风俗随佛教文化传入日本。到唐朝时，日本僧人携茶的种子回国，日本开始栽培茶。1610年，荷兰人将中国茶叶带回欧洲，由此形成风靡英国的饮茶风尚。出海淘金的英国人把饮茶的习惯带到北美大陆，从而形成规模庞大的茶叶贸易。现在全球有60多个国家种植茶，形成了不同的饮茶习俗。

日式抹茶

茶叶的种类

茶树一般需要经过3～5年的培育才可正式采摘茶叶，其嫩叶经过加工成为绿茶、黄茶、黑茶、白茶、乌龙茶、红茶等茶叶产品。茶树在一年之内通常可萌芽生长3～4个轮次，因此中国大部分地区有春茶、夏茶、秋茶之分，海南、台湾等气温较高的地区还有冬茶。

茶艺

中国古代文人墨客多爱茶，非常讲究沏茶、敬茶、饮茶的程序，使饮茶成为极富仪式感的雅事。茶艺萌芽于唐朝，历经千余年的发展和改革，至今已形成各种各样的茶艺流派。如始自宋朝的潮州工夫茶艺，是流传于广东潮汕地区的茶叶冲泡技艺，其程序主要由茶具讲示、茶师净手、泥炉生火、砂铫掏水、甘泉洗茶、淋盖追热、先闻茶香、和气细啜等20多个环节组成。

中式茶具

茶的香味来自茶叶中的挥发油，涩味和颜色来自茶叶所含的鞣酸物质。			

绿茶制作时不发酵，茶色清亮，如西湖龙井、碧螺春等。	白茶的发酵程度较低，不经过杀青或揉捻，如白毫银针、白牡丹等。	红茶是一种全发酵茶，茶汤呈深红色，如正山小种、祁门红茶等。	黑茶是发酵程度最高的茶，是茶马古道上最重要的商品之一。

制茶

茶叶是以茶的新梢嫩叶为原料加工而成的产品，通常需要经过采叶、杀青、萎凋、揉捻、发酵、渥闷和干燥等多道工序。不同的处理方法会影响茶叶的风味与外观，以制作出绿茶、白茶、红茶、黑茶等不同的茶叶产品。现在以茶叶为原料制成的新产品越来越多，如奶茶、茶汽水、咖啡红茶等饮料，以及速溶茶晶、红茶糖果等固体食品。

红茶的制作工序

| 采摘茶叶 | 对鲜叶进行萎凋处理 | 揉捻 | 发酵 | 烘干 | 筛选 |

牡丹

牡丹的羽状复叶

牡丹是毛茛科芍药属灌木，又称洛阳花、富贵花、鼠姑、鹿韭等，被誉为"花中之王"，是中国十大名花之一。牡丹花大色艳，花姿绰约，艳压群芳，是中国特有的名贵花卉，自唐朝时期开始备受人们的喜爱，栽培历史约1500年以上。芍药属包含芍药、野牡丹、川赤芍、大花黄牡丹等约35种植物，分布于欧亚大陆温带地区，中国有10多种。

二乔牡丹

二乔牡丹是一类人工培育而成的园艺品种，其最突出的特征是同一植株能开出两种不同色彩的花朵，或是同一朵花呈现出两种颜色，像三国时期的美人大乔、小乔一样娇艳。将不同颜色的牡丹人工嫁接、授粉，可以培育出这类品种。根据花色、枝叶等特征的差异，二乔牡丹还可细分为粉二乔牡丹、紫二乔牡丹等品种，它们的花冠形状大体相同。

牡丹株高可达2米，分枝短而粗，花大多于清明前后绽放。

牡丹长有五星状的蓇葖果，果期6月。

二乔牡丹

岛锦牡丹　　　　　　　　海黄牡丹　　　　　　　　蓝芙蓉牡丹　　　　　大花黄牡丹是国家二级保护野生植物，仅生于中国西藏。

牡丹的历史

　　牡丹是中国园艺化较早的灌木花卉之一。但人们最初开始栽培牡丹，是看中了它的药用价值。牡丹作为观赏植物栽培始于南北朝，至隋朝已成奇花。唐朝时牡丹深受皇家喜爱，北宋时牡丹栽培中心自长安移至洛阳，号称"洛阳牡丹甲天下"。牡丹于 8 世纪传至日本，此后辗转流传，成为世界名花。

[清] 恽寿平《牡丹》

昆山夜光牡丹

昆山夜光牡丹

　　昆山夜光牡丹是一个名贵的园艺品种，又称灯笼花。这一品种的植株茂盛但花开甚少，花瓣呈青白色，仿佛有"寒气"。它的雌蕊瓣化，含磷，夜间观赏时晶莹发光，美观而有趣。这一品种名取自南北朝诗人谢灵运的诗句"烂兮若烛龙，衔曜照昆山"，与《山海经》中记载的烛龙神话有关。

牡丹的雄蕊瓣化现象

　　自然生长的牡丹一般都开单瓣形的花朵，花中的花瓣、子房、雄蕊、雌蕊等结构清晰可见。雄蕊瓣化是单瓣形牡丹向复杂花形变化的过程。细细的雄蕊在形态上发生了改变，一根根纤细的花丝变得越来越宽，最后完全形成正常的花瓣。在这个过程中，你偶尔还能看到花瓣中隐约可见的雄蕊，或是小小的雄蕊花药。

　　花朵中心处的雄蕊瓣化，使花瓣数量增加，形成不同形态的重瓣花形，增加了牡丹的观赏性。

牡丹与芍药

　　牡丹又称木芍药，与"花中宰相"芍药形态相近。要区分牡丹和芍药，首先可以参照花期，牡丹花期比芍药早，4月下旬可以开始欣赏牡丹，5月中下旬芍药才开始盛放。其次可以观察植株的地上茎，牡丹是灌木，枝干木质化，而芍药是草本植物，茎草质。最后还可以观察花的形态，芍药花朵直立于植株顶端，而牡丹的花还会着生于花枝之间。

飞花令

赏牡丹

[唐] 刘禹锡

庭前芍药妖无格，
池上芙蕖净少情。
唯有牡丹真国色，
花开时节动京城。

牡丹的木质茎比较坚硬

芍药的草质茎比较柔软

朱砂梅是一类较耐寒的园艺品种，花色较深。

梅

梅是蔷薇科杏属乔木或灌木，最早出现于中国长江以南地区，至今已有3000多年的栽培历史。人类最初栽培梅，是为了获得多汁的果实，后来发现梅花形态雅致，又有阵阵幽香，便开始选育观花品种。梅花为中国十大名花之首，与松、竹并称"岁寒三友"。梅是中国持有国际品种登录权的第一种植物，这意味着，任何国家发表梅花新品种都需要先向中国提出申请。

梅花与中国文化

中国古人认为，梅花色淡气清，梅姿疏影雅致，象征着高洁、坚强、谦虚的品格。如宋朝熊禾《涌翠亭梅花》言："此花不必相香色，凛凛大节何峥嵘。"又如清朝恽寿平《梅图》云："古梅如高士，坚贞骨不媚。"古人赞赏梅花神韵高雅，还喜欢以月光、烟影、竹篱、苍松、寒雪伴梅作画。数千年来，人们食梅、赏梅、咏梅、画梅，更将梅花视为立志奋发的榜样。

[明] 陈洪绶《梅花山鸟》

古人以"梅花香自苦寒来"歌颂梅花，实际上，梅是喜温暖的植物，只有少数品种耐寒，能凌霜雪而开放。

杏梅

　　杏梅是杏属灌木，由杏与梅杂交而来。杏梅兼具杏和梅的特点，花多而繁茂，颜色鲜艳，其香味偏向于杏花。杏梅的花通常比梅花大，花期也较晚。杏梅的果实味酸，果核表面有蜂窝状小凹点。

在北京等中国北方地区，杏梅于 3 月开花。

美人梅又称樱李梅，是梅和紫叶李杂交而来的。

梅的果实

　　1975 年，中国考古人员在安阳殷墟商代铜鼎中发现了梅核，这说明早在 3200 年前，人们就已开始食用梅的果实。《书经》云："若作和羹，尔唯盐梅。"可知盐和梅是当时人们饮食中的主要调味品。梅的果实近球形，表皮呈黄色或绿色。梅果可以鲜食，还可被制成果脯、梅酱、梅子茶、梅子酒等。

梅的果实可被制成话梅、雕梅或酸梅

梅的果实味酸，果期 5～6 月。

观赏梅花

　　观赏梅花的兴起，大约始自汉朝初期。从古至今，人们培育出了许多梅花品种，形态各具特色，但很多品种名称都已遗失，留存下来的古代梅花品种非常少。现代观赏梅主要分为真梅系、杏梅系、樱李梅系三大群系，共包含 500 多个品种，其中真梅系由梅本种单独选育而来，其他两个群系是通过种间杂交获得的。真梅系可进一步分为单瓣系、宫粉系、玉蝶系、绿萼系、朱砂系、黄香系、垂枝系、跳枝系、龙游系等类型。

龙游梅的枝条自然扭曲如游龙

枝条横出、花下垂的称为照水梅

江梅的花冠由 5 枚花瓣组成，花小而洁白，形态近似野生梅花。

宫粉梅的花多呈粉色，枝条直立或斜挺。

同一植株上开出两种颜色花朵的称为洒金梅

梅花多为单生花，先于叶出现，花梗短。

杜鹃花

　　杜鹃花科杜鹃花属包含900多种植物，主要分布于欧洲、亚洲和北美洲，中国有570多种。杜鹃花属植物形态各异，其中有高达20米以上的高大乔木，高几米的灌木，还有仅几厘米高的垫状植物。杜鹃花属植物是中国栽培最为广泛的观赏花卉之一，它们的花冠呈漏斗状、钟状、蝶状、碗状或管状等形状，花色亦十分丰富，杜鹃花是中国十大名花之一。杜鹃花属中的个别种群正面临着野外灭绝的危险，急需人们的关注与保护。

杜鹃花的名称由来

　　最早被记载的杜鹃花种类，是从中原到岭南地区广泛分布的羊踯躅。东晋前后，因杜鹃花的花与石榴花颜色相似，杜鹃花得名"山石榴"。唐朝的学者注意到杜鹃花开花时，常伴随杜鹃鸟的鸣叫，因此"山石榴"又逐渐被称为"杜鹃"。唐朝文学家李德裕所著的《平泉山居草木记》是中国现存最早的园林花木名录，其中就收录了"杜鹃"这一花名。

[清] 新罗山人《春谷杜鹃图》

马缨杜鹃树高约13米，花冠呈钟状，花期5月，果期12月。

台北杜鹃　　　蓝果杜鹃　　　　　似血杜鹃

中国的野生杜鹃花

　　中国是杜鹃花属植物种类最多的国家，有 400 多种杜鹃花属植物为中国特有物种。中国云南、四川和西藏是世界公认的杜鹃花演化中心，分布着超过 400 种野生杜鹃。其中蓝果杜鹃、似血杜鹃、高山杜鹃、大王杜鹃等均为国家二级保护野生植物。

羊踯躅

　　杜鹃花属中有一些植物具有毒性，羊踯躅就是其中较常见的一种。羊踯躅又称黄杜鹃、闹羊草等，全株有毒，人若误食过量会出现呕吐、腹泻、腹痛、痉挛、心跳减慢、血压下降及呼吸困难等症状，严重可致呼吸停止而死亡。我们在欣赏杜鹃花属植物时，千万不要采食植株，还要避免其汁液接触皮肤伤口。

羊踯躅的花冠直径约 5 厘米，花期 3～5 月。

羊踯躅的果实为蒴果，又称六轴子，果期 7～8 月。

杜鹃花的栽培

　　杜鹃花属植物是深受园艺爱好者们喜爱的花卉，不仅花色丰富、形态美观，生命力也很强，耐干旱的同时又能抵抗潮湿，无论是在阳光直射处，还是阴凉处都能生长。因此，杜鹃花属植物既适合种在路旁或园林中美化环境，又能盆栽置于家中欣赏。在家中种植杜鹃花属植物应避免强烈的日光照射，保持空气湿润和充足的水分供应。

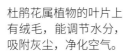

杜鹃花属植物的叶片上有绒毛，能调节水分，吸附灰尘，净化空气。

杜鹃花盆栽适合摆放在东南方向的阳台上，要注意通风。

丹东蜡皮杜鹃　　　　刺毛杜鹃　　　　　愉悦杜鹃

花托在传粉成
功后形成莲蓬

雌蕊

雄蕊

莲

莲是莲科莲属水生草本植物，又称荷、菡萏、芙蕖、水芙蓉等，是中国十大名花之一。莲在中国分布十分广泛，从海南至黑龙江都有野生莲。莲的园艺栽培品种多达上千个，是中式园林中常见的观赏植物。自古以来，中国人十分喜爱莲花，称赞它"出淤泥而不染，濯清涟而不妖"，并称莲花为"六月花神"。

莲的形态特征

莲生长在池塘、水田等淡水环境中，根和茎都生长在池底的淤泥里，地下茎肥大，叶片漂浮或挺立于水面。花单生于柄端，花瓣多数，形态随品种不同有很大差异，呈红、粉、白、绿、黄等颜色，花期6～9月。花期之后，莲的花瓣渐渐凋谢，花冠中央的花托逐渐膨大，内有海绵状的组织，称为莲蓬。莲的果实和种子就"藏"在莲蓬之中。

莲藕是莲横生于淤泥中的地下茎，其中有通气组织，使莲能适应水中生活。

藕节处有黑色的须根

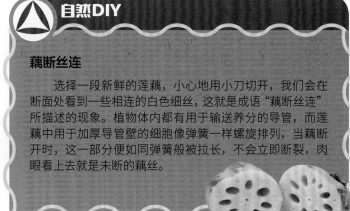

⚠ 自然DIY

藕断丝连

选择一段新鲜的莲藕，小心地用小刀切开，我们会在断面处看到一些相连的白色细丝，这就是成语"藕断丝连"所描述的现象。植物体内都有用于输送养分的导管，而莲藕中用于加厚导管壁的细胞像弹簧一样螺旋排列，当藕断开时，这一部分便如同弹簧般被拉长，不会立即断裂，肉眼看上去就是未断的藕丝。

幼嫩的莲子外壳较柔软，呈绿色。

莲子中央的胚芽吃起来很苦

每个莲蓬中有 5～30 个小房间一般的构造，里面有小坚果。

莲子完全成熟后果皮呈黑褐色，较为坚硬。

古莲子

　　莲是地球上最早出现的开花植物之一。1952 年，中国科学家从辽宁省一处泥炭层中挖掘出古莲子，估算出它们的寿命为 1000 岁左右。在科学家们的培育之下，这些古莲子成功萌芽，开出的荷花依然生机盎然。莲子的外表皮由坚硬的栅栏状细胞构成，细胞壁由纤维素组成，可以有效地阻止水分和空气进出，在干燥、低温和密闭的条件下，古莲子即使休眠上千年，依然能保持生命力。

莲与宗教

　　莲虽生于淤泥，但不染尘埃，很早以前就被人们视为高雅自洁的象征，成为佛教和道教文化中的重要符号。在佛教的起源地印度，莲花备受推崇，常见佛教塑像多以莲花台为底部造型。在道教文化中，道士还会佩戴形似莲花的发冠。

飞 花 令

采莲曲
[唐] 王昌龄

荷叶罗裙一色裁，
芙蓉向脸两边开。
乱入池中看不见，
闻歌始觉有人来。

天安门华表顶端神兽蹲坐的承露盘为莲花造型

洁净的莲叶

　　莲的叶片很大，呈圆盾形，有清香。莲叶的表面有一层紧密排布的乳突和许多纳米级的蜡质颗粒，使莲叶具备了自我清洁的能力。水落到莲叶上之后会凝聚成水珠，从叶片上滚动下去并带走灰尘，使叶片的光合作用不受影响。受莲叶的启发，科学家们发明了一些防水防尘的材料，已被广泛应用于建筑涂料、服装面料、厨具面板等产品制造中。

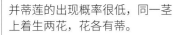

并蒂莲的出现概率很低，同一茎上着生两花，花各有蒂。

园艺栽培出的重瓣形莲花

水珠在莲叶上凝结滚动

珍稀植物

中国幅员辽阔，自然条件复杂而多样，植物资源非常丰富，其中有一些闻名世界的珍稀植物，如桫椤、苏铁、鹅掌楸等。有些珍稀植物见证了沧海桑田的变化，堪称地球历史的"活化石"，可以帮助人们进行植物系统发育、古植物区系及古地理等研究。由于生存条件恶化，一些本就珍稀的物种会有濒临灭绝的危险，影响周边生物与生态平衡。据估计，中国至少有3000种植物处于受威胁或濒临灭绝的境地。

当天气逐渐转凉，银杏叶会逐渐从绿色变为金黄色，这种颜色的变化是先从叶缘开始的。

《中华人民共和国野生植物保护条例》

中国于1996年发布《中华人民共和国野生植物保护条例》，约束人们对植物的保护、发展和利用活动。根据条例，保护野生植物是每个人的义务，不论是原生地天然生长的植物、城市园林、自然保护区、风景名胜区内的野生植物，还是野生植物的生存环境都是我们保护的对象。违反条例的人会受到处罚，严重的会被依法追究刑事责任。采集、出售、购买野生植物是被禁止或严格限制的，尤其是列入《国家重点保护野生植物名录》的一级、二级保护野生植物。

银杏

银杏是银杏科银杏属中的唯一物种，又称公孙树、鸭掌树、白果树等，是中国特有物种，野生物种仅分布在中国西南部和浙江天目山附近，是国家一级保护野生植物。银杏被广泛地栽培观赏，中国各地的名胜古迹常有栽培数百年至千年以上的古银杏树。银杏的外种皮肉质，软腐后会散发酪酸味的异臭，最内层的种仁可供人食用。

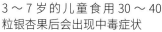

3～7岁的儿童食用30～40粒银杏果后会出现中毒症状

桫椤科

桫椤科包含桫椤属、黑桫椤属、白桫椤属等 10 多属，有桫椤、笔筒树、大叶黑桫椤等 500 多种植物。桫椤科植物是目前已知的唯一木本蕨类，其中许多种类曾与恐龙一同"统治"着地球。受第四纪冰川期的影响，桫椤科植物的种群遭到极大破坏，分布范围急剧缩小。现在，桫椤科植物以马来西亚为分布中心，中国有 10 多种，几乎都是国家二级保护野生植物。不少国家和地区已经建立自然保护区，保护这类珍稀植物。

大叶黑桫椤的孢子囊群位于主脉与叶缘之间

笔筒树主要分布于中国台湾

桫椤可以长到 6 米甚至更高，巨大的羽状复叶生于茎的顶端，漏下斑驳的阳光，斑斓绚丽。

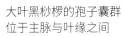

苏铁科

苏铁科植物是一类古老的裸子植物，受环境影响，其中绝大多数物种与恐龙一同灭绝。目前分布于中国的是苏铁科苏铁属植物，其中包含苏铁、篦齿苏铁、叉孢苏铁等 20 多种植物，主要生长于西南山地中，几乎都是国家一级保护野生植物。苏铁科植物雌雄异株，果实鲜艳欲滴，含有微毒。科学家认为，它们醒目的红色果实可以吸引大型蜥脚类恐龙前来取食，帮助植物传播种子。

叉孢苏铁的拳卷叶

苏铁的种子含具有微毒的苏铁苷，误食会使人出现晕眩、恶心和呕吐等症状。

苏铁株高 2 米左右，羽状叶从茎的顶部长出。

苏铁的雌株长有球形的孢子叶球，雄株长有长棒状的孢子叶球。

鹅掌楸

木兰科鹅掌楸属植物诞生于约1.4亿年前，在经历了第四纪冰川期后，它们的分布范围大幅缩小，物种数量减少，目前仅存的野生物种只有鹅掌楸和北美鹅掌楸。鹅掌楸又称马褂木，主要分布于中国四川、云南、陕西、安徽、浙江、福建等地，多生长在海拔1000米左右的山地，是国家二级保护野生植物。鹅掌楸的种群生存能力较弱，是世界上最珍稀的树木之一。

鹅掌楸的树冠呈伞形，不仅令人赏心悦目，还能抵御二氧化硫、氯气等空气污染。

鹅掌楸的形态特征

鹅掌楸是一种较为高大的落叶乔木，树高可达 40 米，胸径可达 1 米以上，粗壮而挺拔。鹅掌楸的叶片形态十分独特，形似马褂，长 4～18 厘米或更大。和木兰科的植物相似，鹅掌楸的花朵大而美丽，花冠呈杯状，直径 3 厘米左右，花期 5 月。它的果实是聚合果，由轻便的翅果组成，果期 9～10 月。

鹅掌楸的叶片较为瘦长，中部有内收的"马褂腰身"，叶缘有 4 个尖。

鹅掌楸的花颜色璀璨，被誉为"中国的郁金香树"。

花期时雌蕊群超出花被片

雄蕊

内有 6 枚直立的花被片

外轮有 3 枚绿色的弯垂花被片

鹅掌楸的"避难所"

已知最早的鹅掌楸属植物出现于约 9700 万年前，在晚白垩世到第三纪，这类植物曾广布于北半球。那时全球气候较为温暖湿润，气温变化较小，适合它们的生存。约 6500 万前，地球温差增大，第四纪更迎来了周期性出现的冰川期，许多物种因难以忍受严寒而灭绝。中国南部亚热带地区成为鹅掌楸最后的"避难所"，这里受冰期影响较小，复杂的山势变化也缓和了剧烈的气候波动。除了鹅掌楸之外，这里还为众多古老物种提供了长期稳定的生活环境，保留了一些珍贵的第三纪孑遗植物。

鹅掌楸的濒危原因

鹅掌楸的濒危原因一方面在于自身，鹅掌楸依靠昆虫传粉，但其黄绿色的花对昆虫没有太强的吸引力，花期又正值南方雨季，昆虫活动容易受到影响。并且，鹅掌楸的雌蕊和雄蕊成熟时间不同，雌蕊在还未开花时已经成熟，花期内雌蕊很快衰败，可授粉的时间极短。虽然雌蕊能在未受精的情况下发育，但得到的种子生命力很弱。另一方面，现存的鹅掌楸种群较小，分布零星，原生环境大多遭到人为破坏或被完全摧毁，这更加剧了鹅掌楸的生存困难，使它们濒临灭绝。

北美鹅掌楸的花被片基部有不规则的橙黄色带

花期时雌蕊群不超出花被片

杂交鹅掌楸

1963 年，中国育种学家叶培忠利用从北美引种到南京明孝陵的一株北美鹅掌楸与中国的鹅掌楸杂交，成功获得杂交鹅掌楸。此后经几代人的努力，证实杂交鹅掌楸不仅保留了亲本叶形奇特、花期长等优点，还更能适应不同的生存环境，几乎无病虫害，成为城市绿化不可或缺的观赏植物。如今我们能在路边见到的大多是杂交鹅掌楸，它还是 2008 年北京奥运会的指定树种之一。

鹅掌楸属植物的果实都是由翅果组成的聚合果

北美鹅掌楸的果实

北美鹅掌楸的叶片较为扁圆，叶缘有 6 个尖。

杂交鹅掌楸的叶片形态不一，介于鹅掌楸和北美鹅掌楸之间。

趣说草木

隔海相望的"亲戚"

通常亲缘关系较近的生物，地理分布也较近。但有些科属中的物种分布在相去甚远的地方。

莲只有远在北美洲的"亲戚"美洲黄莲。如今它们在花池中"团聚"，产生杂交品种。

动物界也有这样的例子，如鸳鸯属仅有鸳鸯和林鸳鸯，分别栖息在亚洲和北美洲。

海陆变化可能是导致这种现象的原因，当传播迁徙通道变为汪洋大海，生物们只能隔海相望。

林中 "君子"

　　兰科是植物界中规模最大的家族之一，所含物种超过2.8万个，中国记录在册的兰科植物有1700多种，其中春兰、蕙兰、建兰、墨兰等植物自古以来就深受中国人的喜爱。兰科植物普遍面临濒危的困境，其生长繁殖对自然环境的严苛要求固然是部分原因，而真正导致其野生资源枯竭的，是人类无节制地采挖、贩卖和走私。"芝兰生于深谷，不以无人而不芳"，让我们共同守护这些珍贵的林中"君子"，让它们在僻静的山野中自由绽放。

蕙兰

兰属

　　兰属包含 80 多种植物，分布于亚洲热带与亚热带地区。中国有 30 多种，主要分布于秦岭山脉以南地区，其中春兰、蕙兰、寒兰、建兰、墨兰等可统称为国兰，是中国兰花的典型代表，有上千年的栽培历史。国兰的花冠虽小，颜色清淡，但姿态优雅，散发出阵阵幽香，十分符合中国人的审美趣味。但由于人们过分宣传其观赏价值，国兰曾一度被炒作出天价，动辄拍卖到几十万元，导致野生兰花被过度采挖，许多物种已濒临灭绝。

外轮有 3 枚萼片状的花被片

雄蕊与雌蕊合二为一，称为合蕊柱。

花粉黏合成块，便于昆虫传粉时把花粉全部带走。

春兰是常见的国兰之一，花几乎不分泌花蜜，以浓郁的芳香吸引传粉昆虫。

最下方的花被片常成为访花昆虫的起降台，称为唇瓣或舌瓣。

兜兰属

兜兰属包含 60 多种植物，分布于亚洲热带地区至太平洋岛屿。中国有卷萼兜兰、小叶兜兰、硬叶兜兰等 10 多种兜兰属植物，主要分布于西南至华南地区。兜兰属植物的花瓣形状变化较大，有匙形、长圆形、带形等形状，向两侧伸展或下垂。它们的唇瓣呈深囊状，囊口常较宽大，两侧常有耳状的侧裂片，囊内一般有毛。兜兰属植物深受盗采、走私的危害，几乎都受《濒危动植物种国际贸易公约》保护，其国际性的交易被明令禁止。

飘带兜兰　　　　　卷萼兜兰　　　　　巧花兜兰

白旗兜兰又称小青蛙兜兰，因私挖滥采而濒危。幸好人们在云南发现了中国仅存的一处白旗兜兰分布地，并利用这一种群进行人工繁殖，妥善地保护了这一物种。

石斛属

石斛属包含 1000 多种植物，广泛分布于亚洲热带和亚热带地区至大洋洲，中国有 70 多种，主要分布于秦岭山脉以南地区。石斛属植物为附生草本植物，多长有总状花序或伞形花序。石斛属植物不仅具有观赏价值，细茎石斛、铁皮石斛、霍山石斛等种类还可入药，是中药材"石斛"的重要原料。但石斛属许多种类因过度采挖而濒危，所以千万不要去伤害那些珍贵的野生石斛。

铁皮石斛

独花兰

独花兰是兰科独花兰属草本植物，是中国特有物种，国家二级保护野生植物，分布于陕西、江苏、安徽、浙江等地，多生长在林下腐殖质丰富的土壤中，分布极少，盗采现象泛滥。中国标本采集员陈长年曾于 1931 年在南京采集到珍贵的独花兰标本，翌年因野外工作不幸逝世。中国近代植物学家钱崇澍特地以陈长年的名字命名独花兰属为 *Changnienia*，以表示尊敬与纪念。

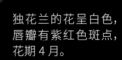

独花兰的花呈白色，唇瓣有紫红色斑点，花期 4 月。

二叶独蒜兰

狭叶白蝶兰

长苞头蕊兰

山谷之中还有许多清新可爱的野生兰花，请爱护这些珍稀植物。

飞 花 令

题杨次公春兰
[宋] 苏轼

春兰如美人，
不采羞自献。
时闻风露香，
蓬艾深不见。
丹青写真色，
欲补离骚传。
对之如灵均，
冠佩不敢燕。

汉语拼音音序索引

中国儿童植物百科全书

编辑委员会

主　任	方精云
编　委 （以姓氏笔画为序）	王　康　　方精云　　史　军 朱相云　　朱菱艳　　刘华杰 李振宇　　葛剑平
执行主编	朱菱艳
文字撰稿 （以姓氏笔画为序）	牛　洋　　任宗昕　　刘　冬 孙　爽　　纪瑞锋　　李子俊 李　燕　　宋　波　　姜　湾 薄　芯
图片绘制 （以姓氏笔画为序）	杨宝忠　　张紫微　　拾　落 曹映红　　蒋和平　　颖　儿
图片提供	新华通讯社　全景网　维基百科 Unsplash图片网 天津市东丽区职业教育中心学校
（以姓氏笔画为序）	王恅闻　　王　康　　牛　洋 冯颂瑶　　吕　行　　吕夏安 任宗昕　　华　天　　刘华杰 刘珈麟　　刘基男　　闫乐乔 纪瑞锋　　李子俊　　李振宇 李涟漪　　李梓麒　　李　燕 杨宝忠　　何　适　　汪　远 宋　波　　陈浩然　　周厚之 夏尚华　　曹映红　　曾孝濂 薛　凯　　魏　泽 Keith Green

主要编辑出版人员

出版人	刘国辉
策划人	刘金双　　朱菱艳
责任编辑	海艳娟　　马思琦
编　辑	陈莎日娜　张紫微　杜乔楠
美术编辑	张紫微　　郑若琪　张倩倩
特约审稿	孙万儒　　王　艳
排版制作	曹映红　　张紫微　郑若琪
封面设计	@吾然设计工作室
责任印制	邹景峰